上海市闵行区科普资助项目 编号22-C-13

申城石头记

园林建筑馆藏名石解读

周易杉 主编

文匯出版社

图书在版编目（CIP）数据

申城石头记 : 园林、建筑、馆藏名石解读 / 周易杉主编. -- 上海 : 文汇出版社, 2023.10
ISBN 978-7-5496-4137-6

Ⅰ. ①申… Ⅱ. ①周… Ⅲ. ①观赏型－石－介绍－中国 Ⅳ. ①TS933.21

中国国家版本馆CIP数据核字(2023)第192242号

申城石头记
园林、建筑、馆藏名石解读

主　　编 / 周易杉

责任编辑 / 邱奕霖
封面设计 / 吴嘉祺

出版发行 / 文匯出版社
上海市威海路755号
（邮政编码200041）
经　　销 / 全国新华书店
印刷装订 / 上海安枫印务有限公司
版　　次 / 2023年10月第1版
印　　次 / 2023年10月第1次印刷
开　　本 / 889×1194　1/16
字　　数 / 200千
印　　张 / 13.5

书　　号 / ISBN 978-7-5496-4137-6
定　　价 / 88.00元

主　编

周易杉

副主编

徐剑斌

顾　问

董荣鑫（首席）　华　楠　张阿根　张亚江　蒯雯瑾

编　委

王洪元　叶　文　孙星红　刘新国　周保春　屠燕酽

序

周易杉
本项目负责人
上海观止矿晶博物馆馆长
上海市矿物化石研究会会长

《申城石头记——园林、建筑、馆藏名石解读》终于面世了，这是一本身边取材、世代实用的科普新书，由政府立项、专家编著，填补了上海和全国的一个空白，可喜可贺，值此简介。

立项宗旨：石器时代，数百万年，人因石生，更因石活，即便今日，人还是一时一刻也离不开石头。石中包含宇宙起源、生命演化的无穷奥秘，地球也可视为一块石头。但是人们对石头的科学内涵知之甚少，对石头的解说基本是象形或神话，比如，猴子观海、神女望夫、小鸡出壳等，几乎没有成分、结构、成因、分类等科学解读，石头对大众是最亲密又是最生疏的矛盾存在。提高全民科学素养是强国富民必由之路，随处可见的石头是科学普及、提升素养极好抑或最好教材。于是我们挑选人流量大的景点代表石对其做出科学解读，编辑成册，供大众传播，这既是文化传承，更是科学普及，可以促进旅游、研学、科普、赏石事业和增补学校教育，是利国利民、惠及子孙的好事，于是顺利立项。

选择原则：上海市内、公开景点、相对固定、随时可看。因此市内人气景点,如：知名公园、道路、建筑物、博物馆的相关代表石均可，而私藏或机构内部的则不含。每件解读五要素：石名、位置、尺寸、分类、成因，重点是科学解读本石特点。需要说明：因为项目得到了闵行区科协的立项和资助，该区名石适当优先。

遴选办法：大众海选，定向排查，实物考察。2022年10月20日起，就在网上公开征集，但反馈很少，也不能用，这证明了地球科学普及的不足和此事的紧迫。原定100件，听起来容易做起来难，编委们常常奔波一天也选不到一件。我们认真考察了每件实物，并一一拍照、丈量、观察、考证、解读，常常一件多次。初选200件再反复精选，因为前无古人，没有参考，石头又多，编委多次研讨，最后请专家审核，终于实现了精选初衷。

我们以中学和大学水平者为主要读者，内容兼顾各个群体，包括专业人员。

常言坚如磐石，这些万年难变的景点石可谓永恒的科普教材。我们希望政府部门像对公园小区内的树木花草一样树立科普牌，其实这些代表石科学内涵更加丰富，标明五要素，人们随时看，有利于养成大众学科学、爱科学的现代民风。也希望抛砖引玉，上海各区都出一本；全国各地也可参考出版，我们乐意帮助。

由于时间紧，任务重，难免挂一漏万和解读有误，欢迎大家批评，以便再版订正。

最后感谢全体编委和顾问，尤其是同济大学董荣鑫教授付出了艰辛劳动！感谢科学泰斗欧阳自远院士的扶携推介！感谢著名书法家周思言大师赐写书名！感谢所有支持本项目的朋友！感谢上海市闵行区科委科协！

2023.6.6于锁云居

目录

园林篇

(001~051)

001

豫园

玉玲珑

玉玲珑

- 位置：黄浦区福佑路168号豫园内
  经度121.4879 纬度31.2287
- 尺寸：高约350厘米，宽约180厘米，厚约100厘米
- 石种：太湖石，沉积岩类
- 成因：海洋碳酸盐沉积，后经岩溶作用

解读：

1、石灰岩的形成过程是：在地壳持续下沉地区的温暖清澈浅海中（少数在湖泊中）沉淀的隐晶—微晶质碳酸钙物质，随沉积层的增厚、温度与压力的上升，松软的沉积物逐渐失水、结晶、固结，而形成的坚硬岩石。组成石灰岩的主要矿物是方解石。

由于地壳板块的周期性运动，致使岩层褶皱、抬升与开裂，并引起沧海桑田的变动。现太湖地区原来是广阔的浅海，随地壳的抬升，水体渐变浅，逐渐变为海湾、瀉湖，后海水全部退出，现成为内陆湖。上述过程中，海水、地下水或地表水。沿石灰岩的裂隙渗入岩层，当水体中含足量的二氧化碳时，对石灰岩具有很强的侵蚀作用，它们在石灰岩层中长期地流动，造成了太湖地区石灰岩中多孔洞的“岩溶”现象。

2、太湖石又称假山石，因多用于江南园林中堆砌假山或庭园中制山峰盆景而名之，是石灰岩遭水侵蚀形成的多孔洞的岩溶石，因盛产于太湖地区而得名。广义的太湖石包括各地由岩溶作用形成的千姿百态的碳酸盐岩。其显著表征是石灰岩中多孔洞，且具有“瘦皱漏透”的特征：瘦，高大于宽厚；皱，石皮多变，好似老人皱纹；漏，垂直方向，“以一盂水灌顶孔孔泉流”；透，水平方向，左右前后皆通。

3、豫园玉玲珑，孔多如蜂巢，可呈现“百孔淌泉，百孔冒烟”的奇观，为豫园镇园之宝。其与苏州冠云峰、杭州绉云峰并称江南三大名石。据史载，宋徽宗在都城汴梁建花园艮岳，从全国各地搜罗名花奇石，即“花石纲”，其中有的奇石因种种原因没能运走，史称“艮岳遗石”，玉玲珑是其中之一。“玉玲珑石最玲珑，品冠江南窍内通。花石纲中曾采入，幸逃艮岳劫灰红。”《上海县竹枝词》讲的就是这段故事，可证玉玲珑是已有千年传承史的名石。

002

豫园

“海上名园”题字石

豫园“海上名园”题字石

- 位置：黄浦区福佑路168号豫园三穗堂前
  经度121.4926 纬度31.2251
- 尺寸：长230厘米，宽80厘米，高180厘米
- 石种：花岗岩，岩浆岩类
- 成因：酸性岩浆侵入地壳深处缓慢冷凝成岩

• 花岗岩来源的题字（右）

• 凸起的伟晶岩脉（左）

解读：

1、进入豫园正门，迎面见一块重约 8 吨的花岗岩巨石，镌刻着“海上名园”四个金色大字，是 1999 年 5 月 18 日，时任中共中央总书记、国家主席、中央军委主席的江泽民同志为豫园肇建 440 周年的亲笔题词。巨石的背面还刻有：“此石取自黄山祁门牯牛降，黄山市人民政府赠”及“海上名园石江泽民主席为豫园建园四百四十周年而建”等小字。牯牛降，又称“西黄山”，是安徽三大高山之一，海拔 1727.6 米。

2、题字石的整体外形为长方体，受三组互相垂直的裂隙控制。这三组裂隙是富二氧化硅黏度大的酸性岩浆，又称花岗岩浆，侵入在地壳深处缓慢冷凝时产生的典型收缩裂隙。巨石顶部自然起伏的“山”字形态，则是受叠加在冷凝收缩裂隙之上的两组 X 形交叉裂隙控制。这 X 形裂隙是花岗岩形成后，因附近板块碰撞，花岗岩体经受强烈挤压作用，同时也遭受了共扼剪切力的作用而产生的剪切裂隙。

3、在板块持续的碰撞作用下，花岗岩体所在的岩层褶皱、抬升，并露出地表。雨雪等沿裂隙进入花岗岩体的内部进行风化作用，裂隙扩大，长方体岩块脱离母岩体，跌落地面，再经地表水体的磨蚀，棱角被磨圆，才造就现在的外貌。

4、巨石为粗粒花岗岩，由晶粒大于 5 毫米的矿物组成，主要矿物有肉红色的钾长石、灰白色的斜长石、灰色的石英，少量黑色的黑云母等。在后来沿裂隙贯入的富二氧化硅热液作用下，原矿物发生再生加大，局部形成以石英大晶体为主的伟晶岩脉。因石英的抗风化力强于岩石中的其他矿物，故伟晶岩脉呈凸起状。表面斑驳状的黑色，是苔藓类植物及锰铁质矿物在岩石表面风化后留下的岁月沧桑之痕。

003

大观园

通灵宝玉

通灵宝玉

- 位置：青浦区金商公路701号，大观园正门照壁上
  经度120.9033 纬度31.0758
- 尺寸：直径35厘米，厚约10厘米
- 石种：青田石，变质岩类
- 成因：热液交代火山碎屑岩变质而成

大观园照壁上的浮雕及通灵宝玉

解读：

1、青浦大观园是按照中国四大名著之一的《红楼梦》（原名《石头记》）中描述的大观园建造的，进园门见巨型花岗岩照壁，浮雕中央镶嵌了一块直径约35厘米、青白色的青田玉石，雕一可爱男孩，粗细对比强烈，线条优美，含义深刻，表示宝玉含通灵宝玉问世。

2、青田石因主产于浙江省青田县，故名之。是约1.4亿前（晚侏罗纪时期）火山喷发造成的富铝火山岩及火山碎屑物堆积而成的火山碎屑岩，后经岩浆作用后期分异出来的热液侵蚀、成分置换、矿物重结晶等变质作用，所形成的热液交代变质岩。

3、青田石的主要矿物成分是铝硅酸盐——叶蜡石（$Al_4[Si_4O_{10}]_2(OH)_4$），含绢云母、高岭石、水铝石、黝帘石、绿泥石、金红石、石英等，有滑腻感。颜色以青色为主色调。其中质地致密细腻、色泽似软玉类和田玉中青白玉者，称为青田石玉，本件石雕中央镶嵌的就是此类玉石。青田石、巴林石、寿山石和昌化石是我国传统的“四大印章石”，也常用于石雕工艺品。

004
闵行体育公园
五通石

图1：层面上具对称波痕、前横断面具低角度交错层理

五通石

- 位置：闵行区新镇路456号体育公园内
  经度121.3661 纬度31.1450
- 尺寸：长235厘米，宽198厘米，厚65厘米
- 石种：石英砂岩、碎屑沉积岩
- 成因：滨海滩地沉积、成岩

解读：

1、闵行区体育公园内有大量用于围护堤岸和园林造景的浅—深褐色大石块。其褐色源于岩石含铁质，经氧化后形成氧化铁——褐铁矿之故。这类岩石分布在苏南、浙北、皖南一带古生代泥盆纪晚期（距今3.45亿

图2：断裂面上的镜面、擦痕与阶步

年前）沉积形成的岩层中。在泥盆纪晚期全球气候由冰期向间冰期过渡，随之海平面开始上升，处于海进的初期，苏南、浙北、皖南一带为滨海（岸）滩地（沙砾滩、沙滩、沙泥滩，沼泽）沉积环境，形成了一套以石英砂岩为主夹砂砾岩或粉砂—泥岩的地层，我国地质界称其为五通组（或群）地层，其中岩石由此得名。

2、露出地表的各类岩石经风化、破碎后产生的碎屑物，由水流、风、冰川等搬运到山前、湖、海等低洼地堆积起来，再经压实、失水、固结形成碎屑沉积岩。其中的碎屑物按粒径大小分别称为：砾（大于 2 毫米）、砂（2 ～ 0.05 毫米）、粉砂（0.05 ～ 0.005 毫米）、泥（小于 0.005 毫米），当它们中任一类的含量大于 50% 时，就可以按主要粒径，分别称为砾岩、砂岩、粉砂岩或泥岩。通常砂岩由石英、长石和岩屑三类碎屑组成。当石英含量大于 90% 时，才可称为石英砂岩。闵行体育公园内的五通石，主要是石英砂岩，也有部分是含砾石英砂岩（大于 2 毫米的碎屑含量达 5% ～ 25%）。具有滨岸滩地上海浪的进流与回流不断塑造而成的对称波痕及低角度双向交错层理（见图 1），胶结物是硅质、碳酸盐与铁质。

3、在园区锦绣湖南岸，有一块厚板状五通石，顶面可见因错动摩擦生热而变质形成的——薄层色浅、致密，阳光下有耀眼反光的光滑面——“镜面”及错动留下的“擦痕”；还可见因撕裂而成的阶梯状断口——“阶步”（见图 2）。镜面、擦痕与阶步是在野外现场判断有断层存在及分析断面两侧运动方向的重要证据。

005

七宝教寺

虎皮石与鱼鳞石

虎皮石与鱼鳞石

• 位置：闵行区七宝镇新镇路1205号，七宝教寺花园内
　　　经度121.3533 纬度31.1558

• 尺寸：上刻“奇峰绣色”高约8000厘米，宽120厘米，厚115厘米
　　　上刻“松林石嶂”高约7000厘米，宽100厘米，厚80厘米

• 石种：破碎角砾岩，动力变质岩类

• 成因：石灰岩地层受板块碰撞挤压作用后形成的动力变质岩——破碎角砾岩，后经热液交代再变质变硬

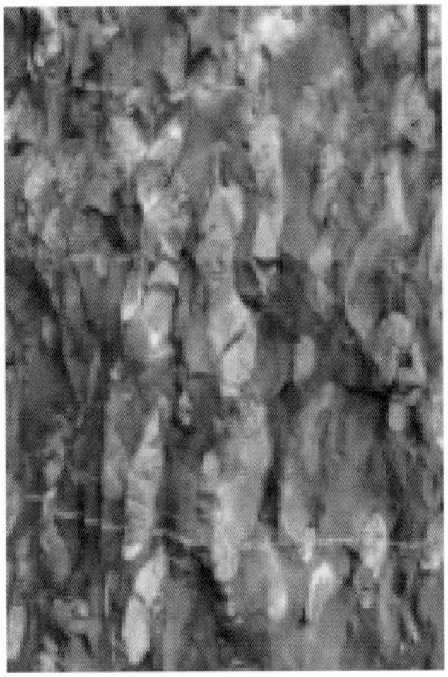

图1：虎皮石

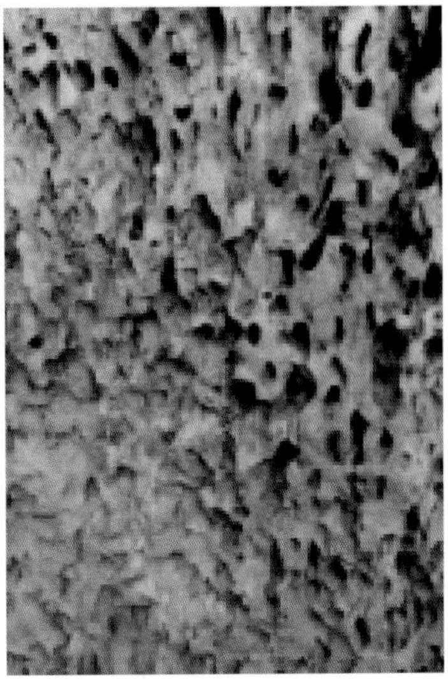

图2：鱼鳞石

解读：

1、七宝寺入门右侧，有三根呈品字型排列的天然石柱，耸立挺拔，庄严肃穆。产自浙江省衢州市常山县的石灰岩分布区。其中表面似虎皮状者（见图 1），俗称虎皮石；表面似鱼鳞状者（见图 2），俗称鱼鳞石。

2、石灰岩地层形成后，受附近板块相互碰撞产生的强烈挤压作用，石灰岩地层发生褶皱、开裂。通常同时有以挤压力为主的压性裂隙，以拉张力为主的张性裂隙，以及挤压与拉张共同作用的剪性裂隙三类。压性和剪性裂面都很狭窄。唯张性裂面宽大，常造成断层破碎带，其中有众多石灰岩破碎的角砾，后被水流带来的沙泥与碳酸钙质胶结成破碎角砾岩。此后，附近岩浆活动带来的富二氧化硅热液，沿断裂面贯入发生交代作用，使破碎角砾岩硅化、变硬。

3、断层破碎带被硅化后，硅化强处抗风化力高于无—弱硅化处；无裂隙处抗风化力高于裂隙发育处。经上亿年以来的差异性风化、剥蚀作用，塑造出石柱林立的石林地貌。其中硅化程度高者，抗风化力强，表面溶蚀孔洞少，成为虎皮石；硅化程度低者，抗风化力弱，表面溶蚀孔洞多，成为鱼鳞石。

006

古猗园

五老峰

图1

图2

五老峰

- 位置：嘉定区南翔镇沪宜公路218号，古猗园内
  经度121.3102 纬度31.2936
- 尺寸：组石最大的高304厘米，宽120厘米，厚80厘米
- 石种：太湖石，沉积岩类
- 成因：海洋碳酸盐沉积物，成岩后经风化溶蚀作用产生岩溶现象

解读:

古猗园为上海五大古典园林之一，以猗猗绿竹、幽静曲水、典雅的明代建筑、韵味隽永的楹联诗词及优美的花石小路等五大特色闻名于世。逸野堂北边有五座奇形怪状的象形石，犹如五个站立的老人，分别为迎客老头、矮老头、高老头、瘦老头、送客老头，取名“五老峰”，并有五仙下凡，弹琴下棋，永留人间的神话传说。松江区方塔园也有五老峰石。

上述五尊象形石均为产自太湖地区的岩溶石灰岩——太湖石，石中可见多期形成的裂隙及串珠状溶蚀洞沿裂隙与层理发育（见图 1、2）。有关石灰岩的成因及后来发生岩溶作用形成太湖石的过程，请参阅《园林篇 001 豫园玉玲珑》。

007
东方田园
彩霞石

彩霞石

- 位置：宝山区罗店镇联杨路3888号，东方假日田园内
  经度121.3188 纬度31.3919
- 尺寸：高350厘米，宽220厘米，厚80厘米
- 石种：大理石，变质岩类
- 成因：碳酸盐沉积岩在以热力为主的作用下变质形成的热变质岩

解读：

1、大理石学名为大理岩，是碳酸盐沉积岩随地壳下沉或岩浆侵入，以热力作用为主，使原岩中的非晶质组合成晶体、雏晶或微晶发生再生加大，岩石由原肉眼不辨的非晶质—隐晶质变质为肉眼可辨的全晶质岩石——大理岩。因盛产于中国云南大理，且岩石特征最典型，而得名。因变质作用的主因素是热（温度），故又归属热变质岩类。

2、大理岩的主要化学成分是钙、镁的碳酸盐，常含少量铁、锰、铝、硅等杂质；其主要矿物成分是方解石（$Ca[CO_3]$）、白云石（$CaMg[CO_3]_2$）；在不同的变质条件下会有不同的特征变质矿物：滑石、菱镁矿、蛇纹石、绿泥石、绿帘石、透闪石、阳起石、石榴石、透辉石等共生；在后来的风化作用过程中会有具不同色泽的铁、锰、镁、钙、铝的氧化物、氢氧化物等。这是大理岩常有多色彩纹饰出现的缘由。

3、具多色彩纹饰的大理岩，又被称为彩霞石。东方假日田园内的彩霞石，就是这类大理石。

008
汇龙潭公园
翥云峰

翥云峰

- 位置：嘉定镇塔城路299号，汇龙潭园内
  经度121.3102 纬度31.2936
- 尺寸：高348厘米，宽146厘米，厚93厘米
- 石种：石灰石，沉积岩类
- 成因：海洋碳酸盐沉积物，成岩后经岩溶作用

解读：

1、在嘉定孔庙旁汇龙潭公园内的翥云峰是一块产于西南边陲云南的来历不凡的奇石，上有“翥云峰”三个笔力千钧的小篆，出自明末著名金石篆刻大师宋珏。有史料记载，翥云峰的发现者与第一个拥有者是嘉定东城人赵洪范，同北宋米芾一样，也酷爱奇石。明末崇祯元年（1628）赵任陕西道御史巡按云南时，于道旁见此奇石，遂下米颠之拜。崇祯二年（1629）赵从云南归嘉定时，用海舟将奇石运抵嘉定，取名“翥云峰”。

并请其时寓居嘉定的名士福建莆田人宋珏以篆书题字，请人勒石其上。“翥”是鸟向上飞之意，“翥云峰”含有插入云霄的高峰之意。

在赵洪范过世后赵家败落之时，赵宅转售于康熙五十一年（1712）的进士王畮。王氏在原址上新建家宅，并以“翥云堂”命宅名。至清乾隆四十三年（1778）前王氏门户中落，就将“翥云堂”售于周氏。周氏将该宅改建为周氏宗祠，翥云峰仍立于庭院中。解放初期周氏八世孙辈周文玉在嘉定创办文玉酱园（当时嘉定酱酒行业中的最大企业），后更名为嘉定酿造厂，翥云峰一直被砌在该厂仓库的墙内，得以保存。1979～1980年，汇龙潭公园建设时，把嘉定境内原有名人宅第中的部分优秀建筑移入其中，“翥云峰”亦经上海市文管会批准移入园内，并由嘉定县人民政府公布为文物保护单位，2000年又公布为嘉定区文物保护单位。“翥云峰”这块历尽沧桑的名石，终于在汇龙潭公园内找到了合适的栖身之地，并成为公园一景。而“翥云堂”也应其对于研究嘉定人文历史与建筑艺术等具有较高价值，先于1960年公布为嘉定县文物保护单位，后于1998年在嘉定老城改造时迁入嘉定地标建筑法华塔塔院内，2000年公布为嘉定区文物保护单位。

2、“翥云峰”原产于由海洋中碳酸钙沉积而成的石灰岩地层中。现峰石经游客触摸的光滑面显露了石灰岩的青灰本色，岩石中还可见层理。随地壳运动的影响，沿岩石中的裂隙有热液侵入，促使裂隙处碳酸钙雏晶一微晶再生加大，而局部呈现出方解石较大晶体及其小晶洞。峰石上“瘦、皱、透、漏”的特征，都是其经历了板块间的碰撞、挤压、褶皱、开裂、抬升、近海底处地下水沿裂隙的侵蚀、海岸边海浪的冲蚀成孔洞、露出地表后遭受风化剥蚀作用等留下的印迹。

009

秋霞圃

米汁囊石

图1

米汁囊石

- 位置：嘉定区嘉定镇东大街314号，秋霞圃园内
  经度121.2488 纬度31.3886
- 尺寸：高92厘米，宽75厘米，厚55厘米
- 石种：太湖石，沉积岩类
- 成因：海洋碳酸盐沉积，成岩后经风化溶蚀作用产生岩溶现象

解读：

1、嘉定秋霞圃，建于明代弘治年间，取唐代王勃《滕王阁序》“落霞与孤鹜齐飞，秋水共长天一色”诗句而名。秋霞圃居上海五大古典园林历史悠久之最。园内古树参天，奇石嶙峋。园内所藏“米汁囊”石，60厘米见方、呈椭圆形。石身玲珑，洞孔奇巧。上刻明代张姓文人隶书“米汁囊”三字，字体遒劲，刻功精湛。因石奇特，历受文人青睐。

图2

2、碳酸盐沉积物成岩后，以方解石（碳酸钙）为主的称为石灰岩，以白云石（碳酸钙镁）为主称为白云岩。它们都易溶于含二氧化碳的水体。有关碳酸盐岩的成因及后来发生岩溶作用形成太湖石的过程，请参阅《园林篇 001 豫园玉玲珑》。

3、本石中发育多组节理（裂隙），水体沿节理进入岩石，发生岩溶作用，扩展裂隙，蚀出孔洞（见图 2）。米汁囊石每逢阴雨前有水珠溢出，色如米汁而得名。这是因为石灰岩中的碳酸钙易溶于水，饱和碳酸钙的水（即石灰水）沉淀后呈白色粉末状（见图 1）。

010

秋霞圃

三星石

图1：福星石上贯通的冲蚀沟槽

三星石

- 位置：嘉定区嘉定镇东大街314号，秋霞圃园内
  经度121.2488 纬度31.3886
- 尺寸：寿星石居中：高235厘米，宽132厘米，厚109厘米
  禄星石居左：高192厘米，宽95厘米，厚36厘米
  福星石居右：高200厘米，宽113厘米，厚72厘米
- 石种：太湖石，沉积岩类
- 成因：海洋碳酸盐沉积，成岩后经风化溶蚀作用产生岩溶现象

图2：禄星石中贯通的溶沟

图3：寿星石上的溶孔

解读：

1、秋霞圃公园的三星石景点，有三块分别似福、禄、寿三星形态的太湖石组成，称三星石，并非一石中有三星形象。

2、福星石的迎水面，有右下向左上的冲浪形成沟槽，以及直径20厘米的两个洞贯通石头，并且洞中有洞（见图1）。禄星石中有溶沟从上到下贯通（见图2）。寿星石背面及右边有人工凿面，显然原是与基岩相连的奇特石灰岩峰石。其正面发育直径5厘米的溶洞，有的沿节理相连；头部沿近水平节理与小溶洞曾断裂过，后粘上（见图3）。

3、上述岩溶现象说明石灰岩在海底形成后，因板块间的碰撞，使岩层褶皱、隆起、开裂，逐渐到达波浪、潮汐可及的范围，此时海浪对石灰岩的侵蚀作用最强烈，沿岩石中的节理等抗风化力薄弱的部分，先后侵蚀出海蚀穴、海蚀凹槽、海蚀洞、海蚀沟等、基本造就了岩溶石的形态构架，岩溶石岩层抬升为陆，露出地表后，只是接受了地表风化作用的修饰改造，并未改变基本形态。

011
醉白池公园
泼水观音

有形似观音像的岫玉

泼水观音

- 位置：松江区人民南路64号，醉白池公园内
  经度121.2297　纬度31.0013
- 尺寸：高约170厘米
- 石种：岫玉，变质岩类
- 成因：富镁岩石经岩浆接触交代或热液交代变质

安座泼水观音的记事牌

解读：

1、富硅岩浆侵入富镁岩石的接触带中，两者成分互熔或互换形成新的富蛇纹石岩石，称为蛇纹石矽卡岩，这种地质作用称接触交代变质作用。

岩浆体分异出来的热液进入富镁岩石的裂隙促使富镁岩石发生变化，形成富蛇纹石的蛇纹岩，这种地质作用称为热液交代变质作用。

2、由镁离子（Mg^{2+}）为阳离子，层状硅酸根 $[Si_4O_{10}]$ 为主要阴离子，氢氧根（OH）为附加阴离子组成的矿物，称蛇纹石（$Mg_6[Si_4O_{10}](OH)_8$）。呈浅—墨绿色，显微—细鳞片状，集合体具蜡状光泽。是仅由变质作用形成的典型变质矿物。

3、岫玉是以蛇纹石为主的玉石种类。由于蛇纹石质玉在全国以辽宁岫岩县所产的质量最好、数量最多、名气最大，故名之。

4、本件岫玉当水雾环绕时，有形似观音的图案，被视为吉祥安康的象征，故称为泼水观音。

012

上海西郊宾馆
睦如石

体现西郊宾馆待客理念的睦如石

睦如石

- 位置：长宁区虹桥路1921号，上海西郊宾馆睦如居前草坪
  经度121.3733 纬度31.2041
- 尺寸：长230厘米，高128厘米，厚230厘米
- 石种：英安岩中酸性岩，岩浆喷出岩类
- 成因：岩浆喷出地表后冷凝而成

解读：

1、本件是产自云南腾冲的火山石。腾冲位于欧亚大陆边缘，处于印度板块向欧亚板块下俯冲、碰撞的接合带上，岩层挤压、褶皱非常强烈，断层、岩浆活动很活跃。腾冲火山群是举世闻名的典型新生代火山。其中，历史最早的是来凤山，喷发于 90 万年以前。此后还有过多期喷发，个头最高年纪最轻的是 400 多年前喷发的打鹰山，高 2614 米。科学家认为云南腾冲火山群并不是死火山，而是处在休眠状态的活火山。在漫长的火山活动过程中，腾冲地区由老到新，形成了典型的黑—青灰色玄武岩、灰—灰白安山岩、粉红—红褐色英安岩的火山熔岩组合。

2、从火山口涌出的岩浆，边流动、边排气、边冷凝，从而在火山石中留下气孔。在腾冲火山石中，最上层的气孔大而多，比重轻；越往底层，气孔越小而少，比重较重。这是因为越近表面，气体排出越易，故排出量越多、排出速度越快，并且岩浆冷凝速度也越快。留下的气孔就多而大；气孔所占体积多时，比重就轻。

3、本件是距今 1400 年中偏酸性岩浆大喷发的产物，据说是那次喷发中形成的个体较大的火山熔岩块，呈红褐色调，具半晶质斑状结构，斑晶为角闪石、黑云母、长石、少量石英，基质为玻璃质—隐晶质，含少量气孔，是腾冲地区年龄较轻的英安岩。其上层的多气孔、易风化表层已被剥蚀，此石才得以露出。

4、本件外形受三组互相垂直的冷凝收缩节理（裂隙）控制，是沿这三组节理由外向里发生球形风化侵蚀作用的结果。整体形态古朴，状如一位抱拳相迎的翩翩使者，为每一位远道而来的宾客奉上亲切质朴的问候，因其近乎完美地诠释了“和睦相迎，如所宜居”的西郊宾馆待客理念，故而得名“睦如石”。

013
上海西郊宾馆
太湖石

图1：沿层理与节理分布的方解石细脉

图2：太湖石远看似布满皱纹的老人脸

太湖石

- 位置：长宁区虹桥路1921号，上海西郊宾馆南苑门口
  经度121.3794 纬度31.2013
- 尺寸：长160厘米，高235厘米，厚100厘米
- 石种：太湖石，沉积岩类
- 成因：海洋碳酸盐沉积，成岩后经风化溶蚀作用产生岩溶现象

图3：太湖石形似动画片里名“闪电”的树懒

解读：

1、有关碳酸盐岩的成因及后来发生岩溶作用形成太湖石的过程，请参阅《园林篇 001 豫园玉玲珑》。

2、本件从正面近看，表面有沿节理或层理分布的方解石细脉和差异性风化留下的纹理（见图 1），远看极像一位脸上布满了岁月痕迹的老翁（见图 2），日复一日、年复一年在此值守大门；反面看，整体造型却又神似迪士尼动画片《疯狂动物城》里的树懒角色——闪电（见图 3），正侧着身子望向你。虽然名叫“闪电”，但它的动作却慢到让人抓狂，所以每一次出场都引起很多人的爆笑，这又给这块石头增添了一份喜感。

014

龙华寺

山门石狮

图1：石灰岩石狮

山门石狮

- 位置：徐汇区龙华镇龙华路2853号，龙华寺内
  经度121.4522 纬度31.1744
- 尺寸：长约220厘米
- 石种：含硅质结核石灰岩，沉积岩
- 成因：海洋碳酸盐沉积，成岩后经风化蚀作用产生岩溶现象

解读：

图2：花岗岩石柱

1、本件是含硅质结核灰岩，可见沉积层理构造和硅质结核。碳酸钙物质在偏酸性条件下沉淀，一般是离陆地较近的较浅水环境；二氧化硅物质在偏碱性条件下，则一般是离陆地较远的较深水或炎热干旱时的滨岸环境。因此，含硅质结核灰岩是在浅与深、酸与碱性、海退与海进的变化过程中沉积的产物。

2、龙华寺，创建于三国东吴赤乌五年（公元242年），至今已有1700多年历史。现是上海市文物保护单位。

3、龙华寺原山门在新山门之南百米处，现残留一座花岗石的牌坊柱（见图2），两根石柱（高4至5米），石柱旁有一对石灰岩石狮（见图1），这是明正德年间（1506～1521）重修龙华寺时所筑山门，山门上面仅有“龙华”两字，旁有边款“正德丙子（1516）岁季冬”字样。

015

古华公园

硅化木

图1

硅化木

- 位置：奉贤区南桥镇解放中路220号，古华公园中央广场
  经度121.4647 纬度30.9175
- 尺寸：长2800厘米，最大直径110厘米
- 石种：硅化木，化石
- 成因：树木被埋葬后经二氧化硅置换、充填而成

图2

解读：

1、本件共 12 段，总长达 28 米（见图 1），产自印尼巴厘岛侏罗纪时代的火山碎屑岩地层中。它的发现改写了原藏于美国的长 26 米硅化木吉尼斯世界纪录。目前世界上最长的硅化木，全长达 45 米，产自印尼苏门答腊岛。

2、距今 1.35 亿年的侏罗纪是恐龙灭绝的时代，与高大强壮的恐龙在地动山摇的地震、火山喷发过程中被顷刻埋葬一样，参天巨树也迅速完整地被火山碎屑物掩埋。在后来的地质历史时期，地处热带的印尼诸岛上广布热带雨林，地壳表层富二氧化硅的火山碎屑岩遭受强烈的物理与化学风化作用。地下水在岩层的裂隙和孔隙中渗流吸收二氧化硅分子，逐渐形成二氧化硅过饱和的胶体溶液，当流经树木埋葬处，地下水流带走植物木质的腐烂物，腾出的空间被后续地下水中达过饱和的二氧化硅凝胶体充填。如此一点一滴地逐渐替代，将树木的原始结构保留下来，于是木质植物变成了木化石——硅化木（见图 2）。

3、硅化木的主要矿物组分是蛋白石与石（玉）髓。蛋白石的化学式为 $SiO_2 \cdot nH_2O$，是含水二氧化硅分子的集合体，属非晶质；石（玉）髓是蛋白石脱水后形成的石英雏晶集合体，属隐晶质。硅化木：摩氏硬度 5.5 ～ 6.5，比重 2.65 ～ 2.66。对硅化木及所在地层的研究，可以了解地史时期的植物类属、演变，揭示其生长及石化过程的古气候、古地理等古生态环境，在生物学、地质学上都有重要意义。

016

上海动物园
铭牌石

上海动物园铭牌石

- 位置：长宁区虹桥路2381号上海动物园正门前
  经度121.3627 纬度31.1928
- 尺寸：长600厘米，高220厘米，厚100厘米
- 石种：花岗石，岩浆岩类
- 成因：酸性岩浆侵入地壳深处冷凝形成的岩浆岩

解读：

1、花岗岩是富钾钠铝硅、贫铁镁钙的岩浆在地下深处缓慢冷凝而成的岩浆深成侵入岩。岩石的质地坚硬、耐磨、耐压、耐火、耐酸碱。

2、花岗岩的主要特征是：（1）主要矿物有肉红—褐红色钾长石，灰白色钠长石，无—浅灰色石英，少量黑色黑云母与角闪石、白色白云母；（2）钾长石多于钠长石，石英含量大于20%。

3、岩浆深成侵入岩的特征是（1）全部由肉眼可辨的矿物晶体构成——全晶质结构；（2）矿物为中—粗粒结构（粒径大于5 毫米为粗粒，1 ～ 5 毫米为中粒）。

4、本件的形态，受岩浆冷却过程中产生的三组互相垂直的冷凝节理（裂隙）控制。通常将花岗岩体裂成立方体—长方体状块体。因裂面较平整，晶粒分布均匀，是刻字、雕塑的理想选材。

017 上海植物园

假山石

图1：由含铁石英砂岩堆砌的假山

假山石

- 位置：徐汇区龙吴路1111号，上海植物园温室门口
  经度121.4443 纬度31.1472
- 尺寸：长150厘米，高150厘米，厚100厘米
- 石种：石英砂岩，沉积岩类
- 成因：以石英为主的沙粒堆积、压实固结成岩

图2：三组互相垂直的收缩节理面开裂形成的台阶状形态

图3：沿层理与节理分布的褐色氧化铁浸染

解读：

1、石英砂岩是原含石英的岩石露出地表后遭风化破碎产生的石英沙粒被地表水、风等搬运到谷地、河流、河口三角洲、湖或海滩低洼地中堆积起来，经压实、失水、固结的成岩作用形成的岩石。砂岩属碎屑沉积岩，主要由石英、长石和岩石碎屑，加上胶结物组成，只有当石英含量大于 90%，长石 + 岩屑少于 10% 时，才称为石英砂岩；当石英含量为 50% ～ 90%，长石或岩屑达 5% ～ 25% 时分别称长石石英砂岩或岩屑石英砂岩。

2、因石英砂岩的硬度较大，耐磨，常用于园林造景叠石。

3、石英砂岩内物质均匀，固结成岩过程中产生了三组互相垂直的收缩节理（裂隙），水体沿裂隙风化岩石后，常形成如今方形台阶状形态（见图 1、2）。又因含铁质，被氧化后，沿层理和节理面多有氧化铁浸染，而呈褐色（见图 3）。

018
上海植物园
千层石

图1：由硅质岩、石灰岩、白云岩、泥灰岩薄互层构成的千层石

解读：

1、本件为上海植物园三号门阶梯式瀑布的景观石。由深灰色硅质岩（以二氧化硅质为主）、灰色石灰岩（以碳酸钙质为主）、白色白云岩（以碳酸钙镁质为主）或浅褐黄色泥灰岩（以碳酸钙质为主，含25%～50%的泥质）呈薄互层状叠置。其中，硅质岩形成于离岸远的较深水的碱性环境；石灰岩形成于离岸较近的浅水的酸性环境；白云岩形成于离岸近的极浅水蒸发盐环

千层石

- 位置：徐汇区龙吴路1111号，上海植物园三号门北侧
  经度121.4443 纬度31.1472
- 尺寸：长400厘米，高200厘米，厚120厘米
- 石种：硅质岩—石灰岩—白云岩—泥灰岩薄互层，沉积岩类
- 成因：泥质、碳酸盐质与硅质相间沉积物，成岩后经差异性风化侵蚀形成

图2 因各薄层的抗风化力有差异而呈现凹凸相间的千层状形态

境；泥灰岩形成于近岸酸性环境。

从硅质岩→石灰岩→白云岩或泥灰岩是水体变浅的海退过程；

从泥灰岩或白云岩→石灰岩→硅质岩是水体变深的海进过程；

水体频繁地变动就形成了薄互层的沉积，成岩后成为千层石（见图1）。

2、抗风化能力：硅质岩 > 石灰岩与白云岩 > 泥灰岩，岩层露出地表经受风化作用后，硅质岩凸起最高，石灰岩与白云岩凸起低于硅质岩，泥灰岩下凹，突显了立体的千层状（见图2）。

019

长风公园

银锄湖铭牌石

图1：刻有银锄湖三字的花岗岩

银锄湖铭牌石

- 位置：普陀区大渡河路189号，长风公园银锄湖畔
  经度121.3922 纬度31.2269
- 尺寸：高270厘米，宽140厘米，厚115厘米
- 石种：花岗石，岩浆岩类
- 成因：酸性岩浆侵入地壳深处冷凝形成的岩浆岩

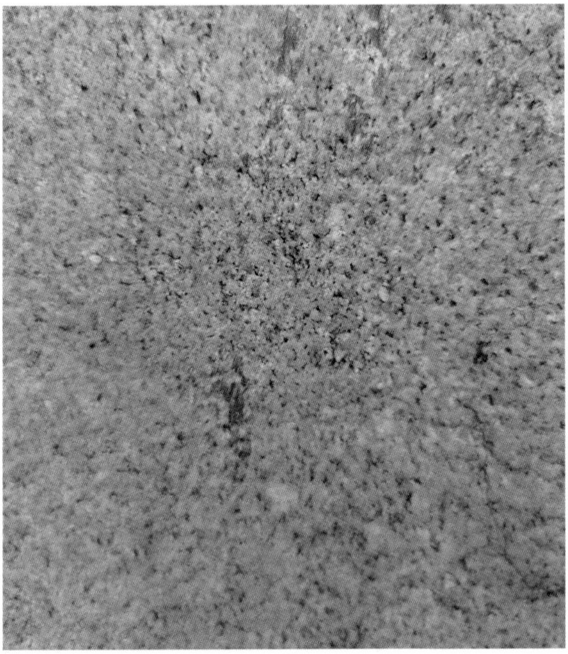

图2：全晶质中—粗粒结构的花岗岩

解读：

1、长风公园内在花岗石上刻有银锄湖三字的铭牌石立在银锄湖畔（见图 1）。有关酸性岩浆及花岗岩的成因及特征，请参阅《园林篇 016 上海动物园铭牌石》。

2、本件花岗石呈浅肉红色，全部由数毫米的矿物晶粒构成全晶质中—粗粒结构，块状构造，其中主要矿物有：肉红色长方形的钾长石，灰白色条状的斜长石，灰色粒状油脂光泽的石英，含少量黑色的片状黑云母和细柱状角闪石（见图 2）。花岗岩中矿物晶粒的大小取决于岩浆侵入的深度。侵入在地壳的深处，因为温降慢，冷凝慢，矿物结晶时间长，晶体就长得大，一般粒径数毫米，呈全晶质中粗粒结构；侵入在近地表的浅处，因为温降快，冷凝快，矿物结晶时间短，晶体就长不大，一般粒径小于 1 毫米，呈全晶质细粒结构。本件花岗岩显然是岩浆深成侵入岩。

3、铭牌顶部的褐色是花岗岩中所含铁质，被大气氧化成氧化铁后进入雨水中，构成氧化铁质胶体溶液，浸染花岗岩所致。

020

江浦公园

江浦公园铭牌石

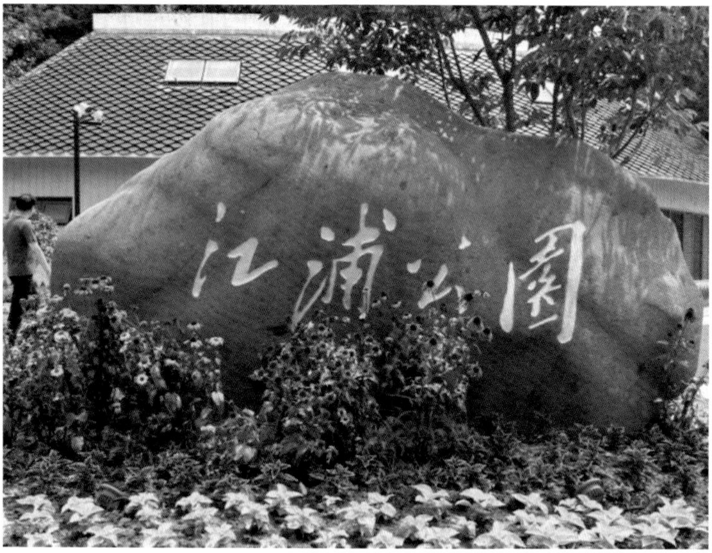

图1：刻有江浦公园名的玄武质熔岩

江浦公园铭牌石

- 位置：杨浦区江浦路241号，江浦公园正门口
  经度121.5185 纬度31.2680
- 尺寸：长520厘米，高255厘米，厚200厘米
- 石种：角砾熔岩，火山碎屑熔岩类
- 成因：火山喷发造成的碎屑物喷到空中后跌落在火山口涌出的熔岩流中，冷凝后形成的岩石

图2：江浦公园铭牌石中颜色、大小不一的角砾

解读：

1、本件刻有江浦公园四个大字的铭牌石（见图 1），总体呈深灰色，具角砾状结构。其中，棱角状角砾的粒径从几毫米到几厘米，最大达 30 厘米，大小差距很大；角砾的颜色也较杂，有：灰白、灰绿、灰与灰黑色；胶结物为玄武质熔岩，具斑状结构，斑晶主要为黑色短柱状的辉石、灰白色板条状斜长石，基质为玻璃质与隐晶质；岩石的玄武质胶结物含量大于火山角砾的含量，本件岩石名的石种为：玄武质角砾熔岩。是火山喷发时射向空中的碎屑物跌落在熔岩流中，冷凝后形成的火山碎屑物与熔岩物质组成的混合岩石（见图 2）。

2、本件的外形受二类节理（裂隙）控制。一是熔岩流冷凝收缩时产生的三组互相垂直的节理，控制了上下、左右、前后的；二是冷凝收缩节理形成后，受相邻板块间相互作用产生的 X 形节理，叠加在长方形块体上的三角形外形。熔岩层露出地表后，风化侵蚀作用沿上述节理较棱角磨圆，造就现在所见形态（见图 1）。

021
大宁公园
大方石

图1：大方石，侧面可见用锲子劈石留下的痕迹

大方石

- 位置：静安区广中西路288号，大宁公园内
  经度121.4372 纬度31.2786
- 尺寸：高214厘米，宽163厘米，厚70厘米
- 石种：花岗石，岩浆岩类
- 成因：酸性岩浆侵入地壳深处冷凝形成的岩浆岩

图2：主要由钾长石、斜长石、石英组成的花岗岩

解读：

1、有关酸性岩浆及花岗岩的成因及特征，请参阅《园林篇 016 上海动物园铭牌石》。本件是静安大宁公园的一块方形花岗岩。主要由肉红色钾长石，灰白色斜长石、灰色油脂光泽的石英组成，含少量黑云母与角闪石。矿物分布均匀。粒径数毫米，具全晶质中—粗粒结构、块状构造。是岩浆侵入在地下深处冷凝形成的深成侵入岩（见图 2）。

2、在石块的边缘，可见有直径 10 厘米，一深二浅相间，深 25 厘米和 15 厘米平行排列的钻孔，是开石时用锲子劈石的痕迹（见图 1）。花岗岩浆在冷凝成岩过程中，一般会产生三组互相垂直的冷凝收缩节理，沿这些节理面下锲子劈石，利于采出形状方正的大块石料。此外花岗岩的抗压强度大，为 1050 ～ 14000 千克 / 平方厘米，但抗拉强度一般，容易劈开。

022

徐光启公园

光启墓道石雕石

图1：徐光启墓道两侧的石雕像

光启墓道石雕石

- 位置：徐汇区南丹路17号，徐光启公园内
  经度121.4346 纬度31.1895
- 尺寸：长170厘米，高170厘米，厚50厘米
- 石种：石灰石，沉积岩类
- 成因：海洋中碳酸盐沉积物，经压实固结形成的岩石

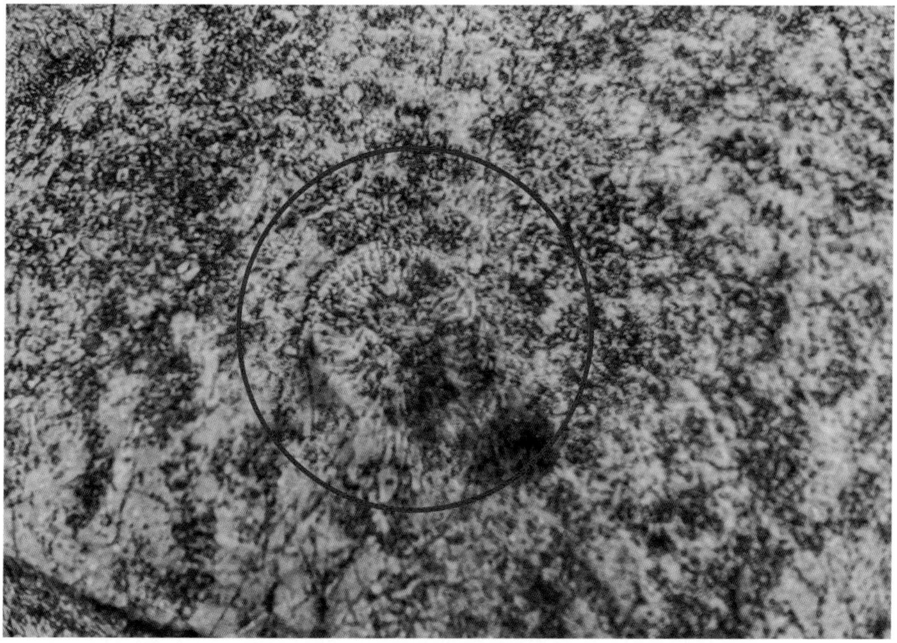

图2：石虎上可见海百合化石（图中央）

解读：

1、徐光启墓是全国重点文物保护文物，墓道前有四柱三楼冲天式，石牌坊一座，进入牌坊，两侧从南向北依次排列石华表、石翁仲、石马、石虎、石羊，左右各一（见图1）。此处石雕均取材石灰岩，历经风雨洗礼，外观都呈均匀灰色，局部因氧化铁浸染呈褐色。石灰岩质地致密、摩氏硬度3，易于雕琢，具有良好的加工性、磨光性和胶结性能，是制作大型雕件的理想石材。

2、海洋中的碳酸盐常与海洋生物遗体一起沉积，成岩后石灰岩中常含化石。地层就像一页页纸，而化石就是纸上的文字，特征性化石能反映沉积时的地质环境与时代。石像中看到的化石是海百合（见图2），是一种始见于早寒武纪世海洋环境的棘皮动物，具多条腕足，身体呈花状，表面有石灰质的壳，由于长得像植物，人们就给它起了“海百合”这个名字。

023

佘山

佘山之巅石

图1：佘山之巅铭牌石右侧为佘山之巅石

佘山之巅石

- 位置：松江区外青松公路9258号西佘山
  经度121.0666 纬度31.0333
- 尺寸：长235厘米，宽198厘米，高95厘米
- 石种：火山凝灰岩，岩浆岩类
- 成因：火山喷发产生的碎屑物堆积而成

图2：佘山水准测量基岩点

图3：佘山之巅说明牌

解读：

1、佘山之巅石是跟东佘山遥遥相望的上海陆域第一高峰、境内第二高峰的西佘山顶峰，2004年前标为海拔99米，现标为100.8米。上海境内第一山峰是大金山岛顶峰，海拔103.7米。佘山现为国家森林公园，山上有著名的天主教朝圣地——佘山圣母大教堂，还有秀道者塔、佘山地震基准台、水准测量基岩点和佘山天文台。

2、在上海西南郊的青浦、松江一带，由西南向北、沿北东50°展布着：小昆山、横山、天马山、辰山、佘山、凤凰山、北竿山等一系列山丘。山丘上露出的岩石，都是距今约两亿年间，中—酸性（二氧化硅含量较高达60%～70%）岩浆侵入与强烈喷发形成的岩石：花岗闪长玢岩脉、长英岩脉、英安岩、流纹岩及其火山碎屑岩。它们都分布在我国东部太平洋板块向欧亚板块碰撞、俯冲、挤压，产生的北东走向断裂带中。都是因俯冲摩擦的高温及断裂的压力降才导致熔融岩浆的上涌侵入地壳浅部及喷出形成的岩浆浅成岩脉、火山熔岩和火山碎屑岩。

3、西佘山上露出的岩石，主要是火山碎屑岩，穿插有岩脉。其中，火山碎屑的粒径小于2毫米者，称火山灰；粒径为2～32毫米者，称火山角砾；粒径大32毫米者，称火山集块。当组成岩石的火山灰、角砾或集块的含量分别大于50%时，该岩石就分别称为凝灰岩、火山角砾岩或集块岩。火山每次喷发在火山口周围会自下而上堆积一个底层为集块岩、中间为火山角砾岩、顶部为凝灰岩的岩性组合。组合重复出现的次数可反映火山喷发过的次数。

佘山之巅石是自然原生岩石，其中有多组节理，岩性为火山凝灰岩，坚硬，不易风化，坚守着上海陆域第一高峰的重任。

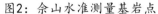

024
吴淞公园
骆驼石

图1：形似骆驼的岩溶石

骆驼石

- 位置：宝山区塘后路206号，吴淞炮台湾湿地森林公园中部
  经度121.5063 纬度31.3977
- 尺寸：长370厘米，高320厘米，厚65厘米
- 石种：石灰石，沉积岩类
- 成因：海洋碳酸盐沉积，成岩后经岩溶作用

图2：石灰岩中的多期节理

图3：石灰岩中围绕小孔洞壁生长的石英

解读：

1、骆驼石置于吴淞炮台湾湿地森林公园中部，天然形似栩栩如生的骆驼（见图 1），是石灰岩经地下水、海浪、地表水、雨雪等，沿岩石中的裂隙，轮番实施岩溶作用塑造的成果。有关碳酸盐岩的成因及后来发生岩溶作用形成太湖石的过程，请参阅《园林篇 001 豫园玉玲珑》。

2、本件岩石中可见石灰岩层形成后遭受过多期地壳运动留下的节理（裂隙）。它们互相切割（见图 2）。在较宽的裂隙中有富二氧化硅热液进入后生成的高硬度的石英，小孔洞中还有凸出的石英小晶体（见图 3）。二氧化硅热液的进入，不仅充填裂隙，还使周围石灰岩发生不同程度的硅化，提高了硬度，增强了抗风化侵蚀的能力，通常石灰岩的硬度可被小刀刻动，但本件质地致密，表面光滑，抗磨蚀性高，硬度近于小刀。

025
吴淞公园
南极石

图1：南极石——采自南极的石榴子石花岗片麻岩

南极石

- 位置：宝山区塘后路206号，吴淞公园内
  经度121.5063 纬度31.3977
- 尺寸：高145厘米，宽205厘米，厚100厘米
- 石种：花岗片麻岩，变质岩类
- 成因：由原岩浆岩或沉积岩或变质岩进一步变质形成

图2：具细—中粒变晶结构、片麻状构造的石榴子石花岗片麻

解读：

1、本件是吴淞炮台湾湿地森林公园的镇园之宝。采自东南极大陆拉斯曼丘陵中山站附近，重约 4.05 吨。由中国极地研究中心中国第 26 次南极考察队于 2010 年 2 月 15 日采集，“雪龙”号极地科学考察船运回上海。该石历经 5 亿年来南极特有气候条件的风化雕饰，形成了今天的形态（见图 1），弥足珍贵。

2、本件岩石的石种为石榴子石片麻岩。属区域变质岩类中变质程度高于片岩的类型。片岩是主要由片状矿物（黑云母、白云母、绿泥石等）组成的变质岩，当温度、压力等变质因素进一步加强时，片岩中的片状矿物有一半变成了石英、钾长石、斜长石、石榴子石等非片状矿物，构成片状与非片状相间排列的片麻状构造时，片岩就变为片麻岩了。

3、本件岩石特征：浅褐色，细—中粒状变晶结构，片麻状构造，主要片状矿物是：黑云母与白云母；主要非片状矿物是石榴子石、钾长石、斜长石、石英。根据主要矿物组分，本件可称石榴子石花岗片麻岩（见图 2）。

026

吴淞公园

中华鲟石

图1：形态酷似中华鲟的太湖石

中华鲟石

- 位置：宝山区塘后路206号，吴淞公园内长江河口科技馆南侧草坪上
  经度121.5063 纬度31.3977
- 尺寸：长880厘米，宽250厘米，厚160厘米
- 石种：太湖石，沉积岩类
- 成因：海洋碳酸盐沉积物，成岩后经岩溶作用

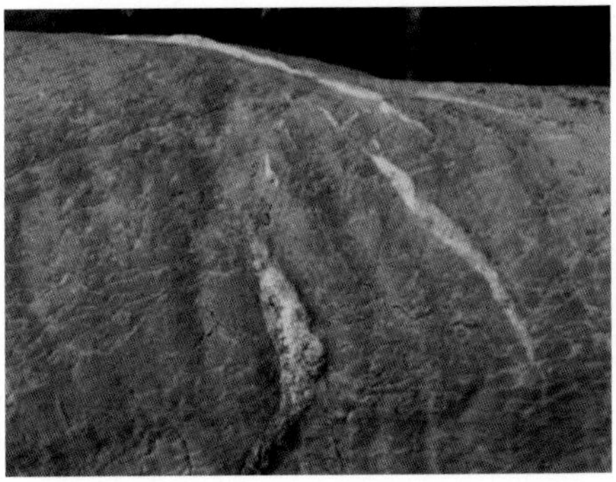

图2：层面上由海水的波动留下的对称波痕

图3：中华鲟石头部的小溶洞——中华鲟的眼睛

解读：

1、中华鲟是中国长江中最大的鱼，故有“长江鱼王”之称。体呈纺锤形，头尖吻长，身披骨鳞。中华鲟生命周期较长，最长寿命可达40岁，是中国一级重点保护野生动物，也是活化石，有“水中大熊猫”之称。本件形态酷似中华鲟，故特地将此象形石置于长江河口科技馆旁的草坪上（见图1）。

2、本件是石灰岩质象形石，有关碳酸盐岩的成因及后来发生岩溶作用的过程，请参阅《园林篇001豫园玉玲珑》。象形石顶底平行的是层面，其间的垂直距离就是层厚，层内的岩性一致，说明是在同一时间、相同环境中沉积的产物，属一个单层。沉积岩根据单层厚度划分为：纹层（小于0.01米）、薄层（0.01～0.1米）、中厚层（0.1～0.5米）、厚层（0.5～1米）、块状层（大于1米）。层厚反映了受波浪、潮汐、海水进退变化影响的程度，水体频繁动荡的浅—极浅水环境中层厚小，水体稳定的深水环境中层厚大。显然本件层厚1.6米，属块状层，是在深水还原环境下沉积的产物，所以石灰岩呈深青灰色。但因海水的波动，在层面上留下了对称波痕（见图2）。这是层面的标志。

3、石灰岩层形成后，因受到相邻板块运动的影响，岩层抬升、开裂，留下了多组X形节理（裂隙），水体沿层面和裂隙溶蚀，才造就了现在中华鲟象形石的形态，头部一个10～15厘米的小溶洞，恰好处于眼睛部位，起到画龙点睛的作用（见图3）。

027

吴淞炮台
纪念石

图1：刻有纪念铭文的吴淞炮台纪念石

吴淞炮台纪念石

- 位置：宝山区塘后路206号吴淞炮台纪念广场
  经度121.5063 纬度31.3977
- 尺寸：高200厘米，宽546厘米，厚70厘米
- 石种：花岗石，岩浆岩类
- 成因：酸性岩浆侵入地壳深处冷凝形成的岩石

图2：全晶质中粗粒结构的花岗岩

解读：

1、吴淞炮台纪念广场位于现吴淞炮台湾湿地森林公园内，作为军事要塞，这里曾硝烟弥漫。是鸦片战争（1840）、“一·二八”事变（1932）、淞沪会战（1937）、解放上海吴淞战役（1949）的著名战场，见证了中华民族的苦难与新生。广场上耸立的纪念石上，刻写了上述历史。

2、吴淞炮台纪念石是块花岗岩巨石（有关酸性岩浆及花岗岩的成因和特征，请参阅《园林篇 016 上海动物园铭牌石》）。本件岩石全由肉眼可辨的矿物晶粒组成，粒径 2 ～ 6 毫米，为全晶质中粗粒结构；矿物以肉红色钾长石为主、灰白色斜长石与灰色石英其次，黑色的角闪石与黑云母少量；呈矿物分布均匀的块状构造（见图 2）。是酸性岩浆侵入地壳深部缓慢冷凝结晶的产物。

3、在冷凝过程过程中花岗岩体出现三组互相垂直的收缩节理（裂隙），成岩后随板块碰撞作用在岩体中又叠加 X 形节理。岩体露出地表后，水体沿裂隙渗入岩体，风化侵蚀作用扩大裂隙，才造就了现在见到的纪念石外形，其顶底与前后面是冷凝收缩节理，两侧则受 X 形节理控制。

028
东平国家森林公园
铭牌石

图1：东平森林公园铭牌石

东平国家森林公园铭牌石

- 位置：崇明区北沿公路2188号，东平国家森林公园门前
  经度121.8005 纬度32.1325
- 尺寸：长1055厘米，高233厘米，厚163厘米
- 石种：泰山石，变质岩类
- 成因：变质岩进一步遭混合岩化变质作用后形成的超深变质岩

解读：

1、本件是来自山东泰山的泰山石，重约百吨，现置于崇明岛国家AAAA级景区《东平国家森林公园》大门前，上面刻有原国家领导人彭冲题写的“东平国家森林公园”八个大字，为公园铭牌石（见图1）。

2、泰山石是泰山上的基岩经历了16亿～29亿年以来各地质历史事件洗礼后，崩落在泰山周围沟谷中的大小不一、形态各异的岩块。其岩性都是古老的经超深变质作用形成的混合岩。在地壳表层及浅部形成的沉积岩、火山碎屑岩、火山岩、浅成岩浆岩等随区域性地壳的持续沉降，随埋深的加大，温度、压力的升高，化学活动性流体活动的加剧，促使岩石内部物质结晶或重组，发生变质作用，形成新的变质岩：随变质程度的加大先后形成：板岩→千枚岩→片岩→片麻岩→变粒岩→斜长角闪岩→麻粒岩→榴辉岩等。在形成片麻岩时岩石就进入了深变质作用阶段，当下覆岩层发生断裂、因压力降而局部熔融时，岩浆就沿裂隙进入片麻岩等深变质岩中，冷凝后形成由原深变质岩基体和岩浆贯入脉体共同组成的超深变质岩——混合岩，此阶段称为混合岩化变质作用。当岩石中脉体含量大于基体时，就进入岩浆作用阶段，形成的岩石称混合花岗岩。

3、泰山石的基体变质岩多为黑云斜长片麻岩、斜长角闪片麻岩、细粒斜长角闪岩及花岗片麻岩等；脉体有石英质、长英质、斜（钾）长石质、花岗质等，呈网状、枝叉状、条带状、团块状等分布。

本件基体为细粒斜长角闪岩，脉体为长英质，呈网状分布，称为长英质网状斜长角闪混合岩。

029
闵行体育公园
黄蜡石

图1：呈黄带红色调、质地细腻、具蜡状光泽的石英岩——黄蜡石

黄蜡石

- 位置：闵行区新镇路456号，闵行体育公园1号门口
  经度121.3630 纬度31.1458
- 尺寸：长168厘米，宽125厘米，厚60厘米
- 石种：黄蜡石，变质岩类
- 成因：由二氧化硅含量高的岩石经变质作用形成的石英岩，遭风化、侵蚀、氧化物的浸染等次生作用后成为黄蜡石

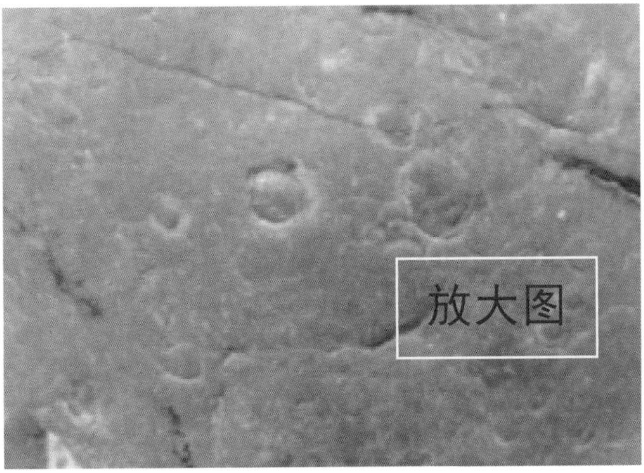

图2：经涡流磨蚀留下的印痕

解读：

1、黄蜡石是观赏类料石的名称，因色调常以黄带红为主，质地细腻、具蜡状光泽而得名。其岩石学名为石英岩，是石英含量大于75%、具粒状变晶结构、块状构造的变质岩。由二氧化硅含量高的沉积岩（石英砂岩、硅质岩）、岩浆岩（细晶岩、火山岩）、火山碎屑岩等，经温度、压力、富二氧化硅化学活动性流体的共同作用变质而成。但原生石英岩呈灰白—浅灰色，不能称黄蜡石。只有形成了具黄带红主色调的皮质时，才能称为黄蜡石。

2、黄蜡石按产出状况可分为山料、山流水和籽料。山料是指产自山上岩层中的原生矿料，外表常被铁锈、泥土等污垢包裹，都呈不规则棱角状块体。山流水属次生矿料，系原石英岩经风化、剥蚀作用后散落在山地沟谷中，经洪水期携沙砾的涡流磨蚀石块表面留下涡穴印痕（见图2），并遭地表水的侵蚀、氧化铁等矿物质的浸染，形成黄、褐带红的皮质，呈半棱角状块体。籽料也称水料，是原石英岩经风化、剥蚀作用后跌落河流中，经过长期的水流搬运、冲刷、磨蚀、氧化铁等矿物质浸染而成，多为棱角被磨圆、表面温润光洁的块体。

本件为半棱角状块体，属山流水，褐黄色的皮质是以氧化铁为主的矿物质浸染的结果。

030

闵行体育公园

巾帼林石

图1：刻有“巾帼林”三字的花岗岩纪念石

巾帼林石

- 位置：闵行区新镇路456号，体育公园内
  经度121.3647 纬度31.1458
- 尺寸：长230厘米，宽200厘米，厚130厘米
- 石种：花岗石，岩浆岩类
- 成因：酸性岩浆侵入地壳深处冷凝形成

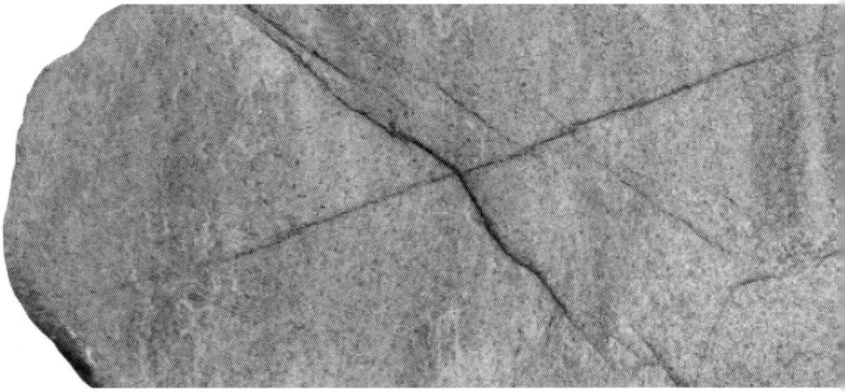

图2：花岗岩中的X形节理

解读：

1、本件岩石学名花岗岩（有关酸性岩浆及花岗岩的成因及特征，请参阅《园林篇 016 上海动物园铭牌石》），其上刻有“巾帼林”三个大字。置于闵行体育公园百树林区（见图 1），为纪念公园初建时闵行女性在此植树造林的纪念石。

2、本件岩石全由肉眼可辨的矿物晶粒组成，主要由肉红色的钾长石、灰白色的斜长石和浅灰色的石英组成，含少量黑色的片状黑云母和柱状角闪石。岩石质地坚硬，经过水流长期冲刷，表面自然光滑。

3、与《园林篇 027 吴淞炮台纪念石》的外形受二类节理（裂隙）的控制一样，本纪念石也受三组互相垂直（上下、左右与前后）的冷凝收缩节理，及后来因板块间活动叠加在前述冷凝收缩节理之上的X形节理(见图2)控制。刻了字的直立面就是冷凝收缩节理面，而左右两侧的楔形是由 X 形节理面造就的。

031
上海仙霞网球中心
灵璧石

图1：浅灰色灰岩夹土黄色泥灰岩经岩溶作用形成的观赏石

灵璧石

- 位置：长宁区虹桥路1885号，上海仙霞网球中心门口
  经度121.3836 纬度31.2002
- 尺寸：高305厘米，宽255厘米，厚100厘米
- 石种：泥灰岩—灰岩，沉积岩类
- 成因：泥质—碳酸钙质沉积岩经岩溶作用形成的奇特岩溶造型

图2：充填裂隙的白色方解石脉和表面灰黄色钙华

解读：

1、产于安徽省灵璧县的石灰岩经岩溶作用形成的观赏石被称为“灵璧石”。在灵璧县分布的石灰岩地层有早古生代—新元古代（距今4.3亿～8亿年）的已变质石灰岩和中—晚古生代（距今2.5亿～4.3 亿年）—早中生代（2亿～2.5 亿年）的浅—未变质石灰岩。前者被硅化、硬度大于小刀、致密如玉、击之有磬声，是被宋代宋代诗人方岩赞为：“灵璧一石天下奇，声如青铜色如玉”的狭义灵璧石。后者是近代灵璧县扩大采石范围后的广义灵璧石，弱或未被硅化、硬度小于小刀、击之声闷无磬。仙霞网球中心门口的灵璧石为夹土黄色泥灰岩的浅灰色灰岩（见图1），应是早中生代三叠纪的浅—未变质石灰岩，经岩溶作用形成的观赏石。

2、岩石形成后因附近板块间的相互作用，致使地壳褶皱、抬升、开裂，岩石中出现了多组构造节理（裂隙），本件节理面上清晰可见开裂错动留下的擦痕；并有热液沿节理贯入，沿途溶蚀和吸收岩石中的碳酸钙，达过饱和时就结晶方解石、充填节理空间形成白色方解石脉（见图2）；待岩石到达近地表和露出地表后，遭酸性富二氧化碳的地下水或地表水沿节理风化与溶蚀岩石，发生岩溶作用，从而造就了本件岩石嶙峋的外形和大小不一的孔洞，岩石上还可见水流溶蚀吸收泥质、氧化铁和碳酸钙质达过饱和后，重新沉积形成的灰黄色钙华（见图2）。

032
闵行文化公园
七宝石

图1：闵行文化公园草坪旁的“七宝”石雕像

图2：飞来佛石雕像

七宝石

- 位置：闵行区吴中路2019号文化公园内
  经度121.3552 纬度31.1713
- 尺寸：长120厘米，高220厘米，厚80厘米（七件相同）
- 石种：花岗石，岩浆岩类
- 成因：酸性岩浆侵入地壳深处冷凝形成

图3：自左至右上排：余来钟、金字莲花经、神树石雕像
下排：金鸡、玉斧、玉筷石雕像

解读：

1、闵行区七宝古镇，因民间流传七宝寺内有“七宝”而得名。七件宝贝分别是：飞来佛（见图2）、余来钟、神树、金字莲花经、金鸡、玉斧和玉筷（见图3）。现在闵行文化公园内用花岗岩石雕艺术形象，展现七件宝贝，以传承文化。

2、雕像石材花岗岩（有关酸性岩浆及花岗岩的成因及特征，请参阅《园林篇016上海动物园铭牌石》）。这些石雕石都由肉眼可辨形态与大小的矿物晶粒构成，晶粒直径数毫米，为全晶质中—租粒结构；整体显浅肉红色，反映岩石的组成矿物主要是肉红色的钾长石，其次有灰白色的斜长石（条状）和灰色油脂光泽的石英（粒状），含少量黑色黑云母（片状）和角闪石（柱状）；矿物分布均匀，为块状构造。

033
闵行文化公园
卧马石

图1：形似卧马的石灰岩

卧马石

- 位置：闵行区吴中路2019号文化公园内
  经度121.3561 纬度31.1636
- 尺寸：高20厘米，长338厘米，厚125厘米
- 石种：石灰石，沉积岩类
- 成因：海洋碳酸盐沉积物压实固结成岩

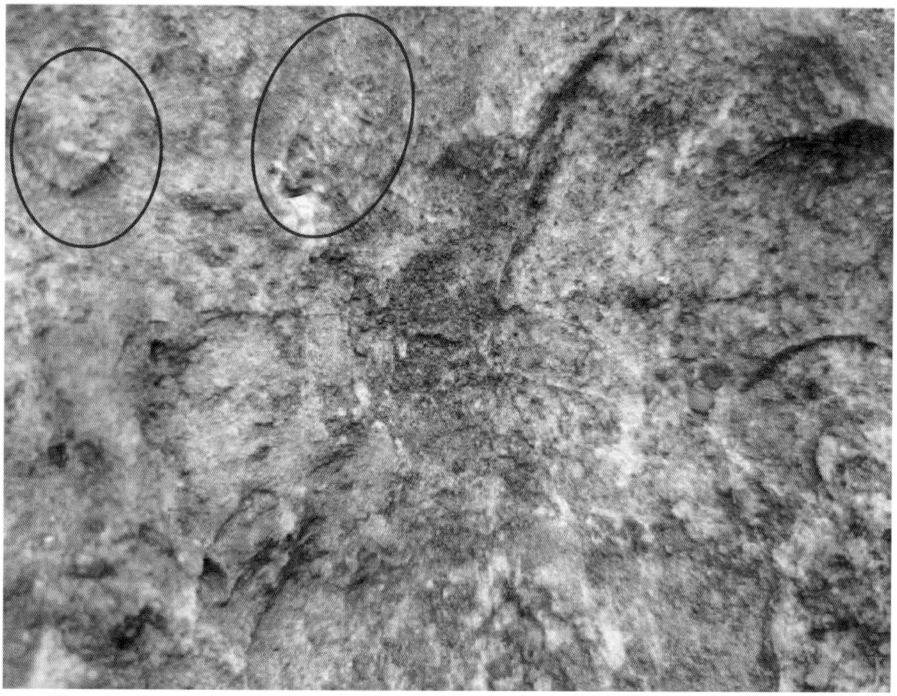

图2：含硅质结核生物碎屑灰岩

解读：

1、卧马石位于闵行区文化公园万马奔腾景区，形态像一头马卧在河边，只见马头与马身。实际上它是一块石灰岩（见图 1），其中有白色方解石细脉、灰黑色硅质结核，含螺与贝壳碎屑及小型蜓化石。故可以确定该石灰岩形成于 2.5 亿年前晚古生代的古海洋。岩石为含硅质结核生物碎屑灰岩（见图 2）。

2、蜓是原生动物，属肉足虫纲、有孔虫亚纲、蜓目、蜓超科，因其外形多为纺锤形，故又称纺锤虫。它的壳体微小，一般长 5 ～ 10 毫米，小者不到 1 毫米，大者可达 30 ～ 60 毫米。蜓类是仅生活在 3.45 亿～ 2.50 亿年的石炭纪和二叠纪古海洋中的古生物，灭绝于二叠纪末期，是划分和对比石炭、二叠时代地层的标准化石。其中文名“蜓”是我国著名地质学家李四光先生据其形似纺锤（即筳）而命名，并造字“蜓”。

034
莘庄公园
朋寿峰

图1：朋寿园钱福诗碑——朋寿峰

朋寿峰

- 位置：闵行区莘庄镇莘浜路421号，莘庄公园内南侧临河处
  经度121.3688 纬度31.1036
- 尺寸：高300厘米，宽160厘米，厚38厘米
- 石种：太湖石，沉积岩类
- 成因：海洋碳酸盐沉积形成石灰岩后经岩溶作用

解读：

1、钱福诗碑（见图1）原是杜行鹤坡里朋寿园中旧物。朋寿园原址在今浦江镇群益村境鹤坡塘，是明代工部右侍郎谈伦（1429～1504，字本彝，上海人，明朝景泰八年进士）致仕居家后，其子谈田为娱亲依宅畔而建造的。

图2：诗碑背面的波痕

据记载，朋寿园广四十亩，峰峦岩岫七十有二；亭台馆榭十有三；桥梁谷洞二十有一。其规模和功能相当于同时代建造的潘氏豫园。朋寿峰以园名冠之，当为七十二峰之首，雄伟秀美，气象万千。

2、为保护此碑，1985 年将其移至上海县文化馆，2003 年再移至莘庄公园内，今立于公园南部景区。2009 年 8 月 6 日被公布为闵行区文物保护单位。

3、朋寿峰石重约 2 吨，呈不规则竖直椭圆形。一面的中间凿成碣形，阴刻文字和花纹边饰，但现已模糊不清；另一面有天然波状纹理，就像是风吹皱一池春水，荡开的点点涟漪，这神奇的纹理是石灰岩形成时留在层面上的波痕，属于完好保存的精美地质标本；其上还精工刻着明弘治年间状元钱福（1461 ～ 1504）所撰赞颂谈侍郎高风亮节品行的行草诗文，故又称钱福诗碑。如此集自然与人文精髓于一体，堪称观赏石一绝。

4、本件中具波痕的是上层面，刻有文字和花纹边饰的是下层面，其间垂直距离为单层厚度—38 厘米，本件原生石灰岩层应为中厚层状（有关沉积岩层厚度的划分请参阅《园林篇 026 吴淞公园中华鲟石》；所见波痕为小型对称波痕、叠加人字形交错纹；反映岩层是在浅海碳酸盐沉

035
莘庄公园
御敕龚情碑

图1：莘庄公园内的御敕龚情碑

图2：御敕龚情碑上局部阴刻碑文

御敕龚情碑

- 位置：闵行区莘庄镇莘浜路421号，莘庄公园内
  经度121.3688 纬度31.1038
- 尺寸：高约165厘米，宽约76厘米，厚约13厘米
- 石种：石灰岩，沉积岩类
- 成因：海洋碳酸盐沉积成岩

图3：御敕龚情碑旁石马

图4：御敕龚情碑旁石碾

解读：

1、“御敕龚情碑”（见图 1）是明嘉靖年间的文物。长方形石碑，碑额阴刻双龙戏珠纹，边饰灵芝祥云纹，石刻楷书碑文（见图 2），内容为旌表刑科右给事中龚情及其父母的德行，落款“明嘉靖三十九年（1560）十一月十三日”。

2、“御敕龚情碑”与旁边的石马、石碾都为马桥龚氏墓地的原物（见图 3、4）。1987 年文物普查时被发现，后列为闵行区文保单位，才移入莘庄公园，予以保护。

3、本件石碑及石马、石碾均为石灰岩，呈浅灰色，主要由粉—细晶方解石组成，质地致密均匀，摩氏硬度 3，易于雕刻，是正常浅海碳酸钙沉积物，经压实、失水、固结形成的沉积岩。因此类石材在全国各省均有产出，且呈各种厚度的层状分布，硬度适中，易于采集、雕琢和打磨、抛光等加工处理，是石碑、石雕和建筑石墩、石柱等的理想选材。

036

莘庄公园

莘庄梅花石

图1：在莘庄公园双壁垂枝梅前刻有“莘庄梅花”四字的灵壁石

莘庄梅花石

- 位置：上海莘庄公园
  经度121.3697 纬度31.1050
- 尺寸：长230厘米，高95厘米，厚80厘米
- 石种：灵壁石，沉积岩类
- 成因：海洋碳酸盐沉积成岩后经风化溶蚀作用的产物

图2：由差异性溶蚀形成的“刀砍状溶沟”

解读：

1、本件上镌刻的“莘庄梅花”四个大字，由园林与花卉专家、中国工程院院士陈俊愉先生于 2011 年 95 岁时为莘庄公园的镇园之宝——“双碧垂枝梅”所题写。图 1“莘庄梅花石”后方右侧就是“双碧垂枝梅”。双碧垂枝梅是传统的绿萼梅与能自然垂枝的树种嫁接杂交培育而成的垂枝类梅花佳品。相传是早年在日本参加孙中山的同盟会的黄岳洲先生从日本带回的幼苗植于其创办的真如黄家花园，后移植到莘庄公园。双碧垂枝的花苞、花蕾和枝干都为绿色，花为绿晕白色，萼为绿色，故称“双碧”。枝干自然向四周垂枝，形成扁圆的绿色球形。

2、本件是产自安徽灵璧县的观赏石，故称灵璧石。灵璧石多为古海洋中碳酸盐沉积形成的岩石。其中，石灰岩以方解石（碳酸钙）为主，白云岩以白云石（碳酸钙镁）为主。通常在常温环境下仅沉积方解石，只有温度高的富镁海水或热液沿石灰岩的层理或裂隙溶蚀石灰岩后才有白云石沉淀，并变成白云质灰岩或白云岩。

本件表面的“刀砍状溶沟”（见图 2），是因为方解石的摩氏硬度为 3，而白云石为 3.5 ～ 4，白云石的抗风化溶蚀的能力比方解石强，两者间存在差异性风化溶蚀的结果。“刀砍状溶沟”是白云质灰岩—白云岩的标志性特征，据此可以确定本件岩性为白云质灰岩—白云岩。

037
月湖雕塑公园
巨石林

图1：月湖雕塑公园内的巨石林

巨石林花岗石（26块）

- 位置：松江区林荫新路1158号，月湖雕塑公园
  经度121.1219 纬度31.6200
- 尺寸：最大高约1200厘米，宽140厘米，厚140厘米
  最小高200厘米，宽201厘米，厚200厘米
- 石种：花岗石，岩浆岩类
- 成因：中酸性岩浆侵入地壳深处冷凝形成

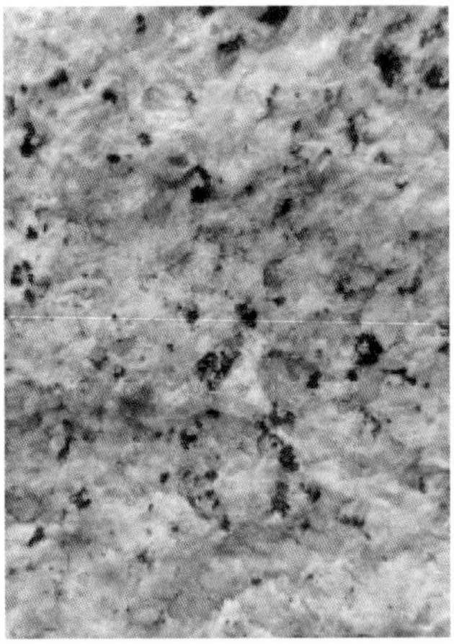

图2：全晶质中粗粒结构的花岗岩

图3：采石时沿原生冷凝节理钻孔留下的痕迹

解读：

1、巨石林由 26 根巨大石柱组成，主体为三个环状石阵，最中心的四根石柱高达 12 米，均超过 100 吨。石柱刻意保留了在矿山上开采时留下的凿岩痕迹，远看似刻度尺（见图 1），走进其内，仿佛置身于格列佛游记的大人国中，站立在巨大的石林内，人显得非常渺小。

2、巨石林石材产自广西，是燕山构造运动时期（侏罗纪至早白垩纪早期，距今 2 亿～ 1.34 亿年）的中酸性岩浆侵入地壳深部，缓慢冷却凝形成的花岗闪长岩。岩石呈浅肉红—灰白色，全由肉眼可辨形状、大小的矿物晶粒组成，为全晶质中粗粒结构，矿物以灰白色的斜长石为主；其次是肉红色钾长石和灰色油脂光泽石英，含少量黑色柱状角闪石和片状云母（见图 2），矿物分布均匀，呈块状构造。

3、中酸性岩浆在地壳内缓慢冷凝时，会产生三组互相垂直的原生收缩节理（裂隙）。采石时沿这些节理用钻头钻孔，然后用锲子劈石，就能根据需要开出立方体或长方体的大料。现在石柱的边缘看到的一排排直径 30 毫米小孔，就是开石时沿原生节理钻孔的痕迹（见图 3）。

038
月湖雕塑公园
美人鱼石

图1：月湖雕塑公园内“美人鱼故事”的大理石雕塑

美人鱼石

- 位置：松江区林荫新路1158号，月湖雕塑公园
  经度121.1219 纬度31.6180
- 尺寸：最大高245厘米，宽265厘米，厚65厘米；
  最小高200厘米，宽220厘米，厚65厘米
- 石种：大理石，变质岩类
- 成因：碳酸盐沉积岩在以热力为主的作用下变质形成的热变质岩——大理岩

解读：

1、美人鱼作品源于对东方帆船的美好印象，三块大理石刻画的是乘风破浪、一往无前的海上帆船形态，船帆在航海中，历经风雕水琢，慢慢演变出性感的嘴唇、丰满的胸部、小巧的肚脐、圆润的女性躯体，最后变成童话故事里性感与感性兼具的《美人鱼》。起伏的躯体和丰满的唇，令人想起童话故事里那个忧伤而美丽的爱情故事（见图 1）。

2、关于大理岩名称的来源及其形成的地质过程，请参见《园林篇 007 东方田园彩霞石》。美人鱼石是变质程度较高的大理石，原隐晶—微晶碳酸盐已重结晶成白色紧密相嵌的方解石和白云石晶体（达 85% 以上），并基本排除了原沉积岩中层理与颗粒间的空隙，只留下一些被其他矿物质充填的细纹（见图 2），比汉白玉稍逊一筹。

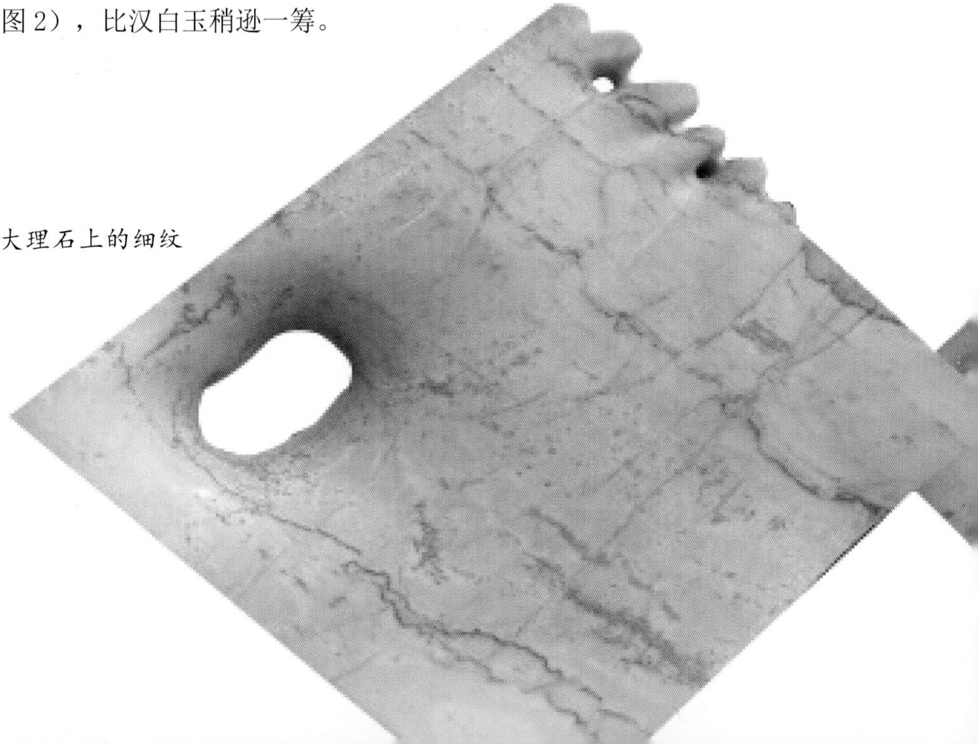

图2：大理石上的细纹

039

浦东牡丹公园
牡丹石

图1：形似牡丹花、中间有一穿透溶洞的太湖石

牡丹石

- 位置：浦东新区兰谷路500弄牡丹公园
  森兰陆地北区浦东牡丹公园“一尺花园”内
  经度121.5908 纬度31.3230
- 尺寸：高450厘米，宽420厘米，厚165厘米
- 石种：太湖石，沉积岩类
- 成因：海洋碳酸盐沉积物成岩后经岩溶作用

解读：

1、浦东牡丹园广种牡丹，还有众多太湖石，其中，一块状如盛开牡丹的太湖石，在“一尺花园”的左侧草地上。石高 450 厘米，体量较大，中间有直径 160 厘米的溶洞，玩童能直立穿洞而过（见图 1）。岩石侧面水平—波状层理清晰（见图 2），可反映本件碳酸盐是在有较大深度、不受风浪影响、水体平静的浅海环境中沉积的产物。

图2：太湖石侧面的水平—波状层理

2、有关碳酸盐岩的成因及后来发生岩溶作用形成太湖石的过程，请参阅《园林篇 001 豫园玉玲珑》。

本件牡丹石的外形与中间的溶洞的形态都受 X 形交叉节理（裂隙）控制。溶洞就发育在两组节理的交叉部位。碳酸盐岩形成后在附近板块相互碰撞的强大挤压力作用下，随岩层褶皱、抬升、开裂，而产生断层（裂隙面两侧岩块有相对错动者）或节理（裂隙面两侧岩块无明显错动者），X 形交叉节理是其中之一。

在碳酸盐岩从海底逐渐抬升到水面时，海水沿裂隙进入岩层，在两组裂隙交叉处侵蚀作用更强烈，率先出现溶孔；在岩石露出水面时遭拍岸浪的冲蚀时，孔扩大成穿透岩石的洞；岩层露出地表后，溶蚀作用减弱，但地表水沿裂隙渗入岩层的风化侵蚀作用继续，最终岩块脱离母岩层，成为现在的观赏石形态。

040
青浦人文纪念公园
莲花石

图1：人文纪念公园内形似莲花座的观赏石

莲花石

- 位置：青浦区外青松公路7270弄600号人文纪念公园内
  经度121.1291 纬度31.1125
- 尺寸：高约360厘米，直径92厘米
- 石种：钟乳石，沉积岩类
- 成因：洞穴中的石笋沉积

图2：自下而上生长的莲花石下部

解读：

1、本件为石灰岩大溶洞里的石笋（见图1）。饱含着碳酸钙的水通过洞顶的裂隙或从钟乳石上滴至洞底。一方面，由于水分蒸发；另一方面，由于在岩层内温度、压力较高，层间水对碳酸钙的溶解度高，而流出岩层的水体因温压突降，对碳酸钙的溶解度迅速下降。所以，碳酸钙快速在裂隙口沉积，或滴落洞底时快速沉积。经日积月累的堆积，自下向上生长的称石笋，从上往下生长的称石钟乳，沿溶洞壁由上而下呈帘状生长的称石帘等，它们统称为钟乳石。

2、钟乳石由里向外，呈同心层状生长，或向上、或向下。成长缓慢，有的数万，乃至数十万年才长高1米。本件3.6米高，平均直径0.8米，形似莲花座，需数十万甚至上百万年时间。层层叠叠，粗细不等（见图2），反映了气候变化，枯丰水期滴水量不同，沉积量产生差异。

041
陆家嘴
小金山

小金山是陆家嘴“盛大金磐”住宅小区的铭牌石

小金山

- 位置：浦东区东泰路200号路边
  经度121.5000 纬度31.2400
- 尺寸：长625厘米，高300厘米，厚258厘米
- 石种：黄蜡石，变质岩类
- 成因：石英砂岩经区域下沉、增温增压变质而成

解读：

1、体量大，本件是陆家嘴地区最大的单体园林石，十分壮观；

2、质地硬，中度变质，变余层理构造明显，为半透明状态，摩氏硬度在6.5～7，抗风化能力极强，如今的环境里，一万年后还是老样子；

3、颜色美，通体金黄，因岩石内含铁质，在氧化环境中水吸收铁质形成含氧化铁的褐黄色水体，浸染岩石所致。

4、还有名人题字（上海书协原主席周慧珺先生书）。

042 国际会议中心 斧劈石

国际会议中心草坪旁用斧劈石组成的假山景观

斧劈石

- 位置：浦东新区滨江大道2727号国际会议中心
  经度121.4933 纬度31.2417
- 尺寸：最高约3米
- 石种：板岩，变质岩类
- 成因：微粒—泥质沉积岩经浅变质形成

解读：

1、斧劈石顾名思义，就是容易用斧头劈开的石头。纹理挺拔、表里一致，便于加工堆叠，形成山峰峻峭的风姿，可以制作盆景，也可做园林假山，是盆景、造园的常用石材。

2、微粒—泥质的岩石在升温及强大的压力作用下，矿物在垂直压力的方向上重组形成片状矿物，平行排列，产生光滑平整的破裂面。岩石变为具板状构造的板岩。

斧劈石因形成时地质条件的不同，而呈现不同色泽，我国江浙、西南地区产出较多。

043

陆家嘴

兔王

刻有盛大金磐四个大字形态酷似兔子的灵璧石

兔王

- 位置：陆家嘴环路与东泰路交叉口
  经度121.5029 纬度31.2345
- 尺寸：长560厘米，高330厘米，厚140厘米
- 石种：灵璧石，沉积岩类
- 成因：海洋碳酸盐沉积后经岩溶作用

解读：

1、灵璧石与太湖石因分别产于安徽灵璧县与太湖地区而得名，都是碳酸盐岩遭海、湖水、地表水或地下水的侵蚀后形成的多孔洞的岩石。两者的不同在于：

古称灵璧石是距今 4.4 亿～ 8 亿年（地质时代是新元古代—早古生代时期）古海洋中形成的碳酸盐岩（石灰岩—白云质灰岩—灰质白云岩）岩层中。比太湖石主产于距今 2 亿～ 4.4 亿年前（地质时代是中—晚古生代—早中生代时期）的岩层要早许多。因此，前者形成后经历了比后者更多和更长

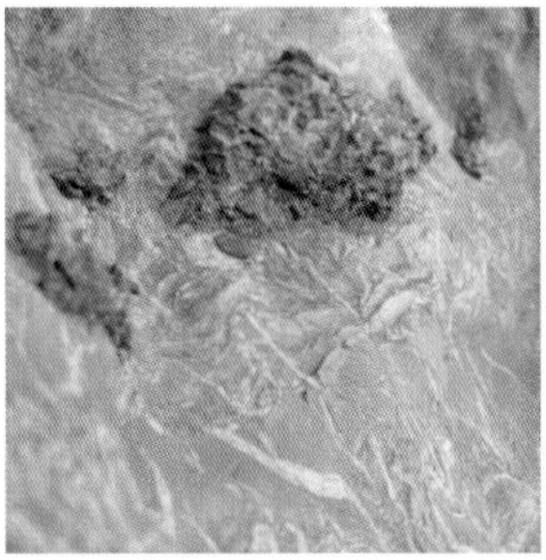

白色条纹为方解石脉，左上部为黑色硅质结核

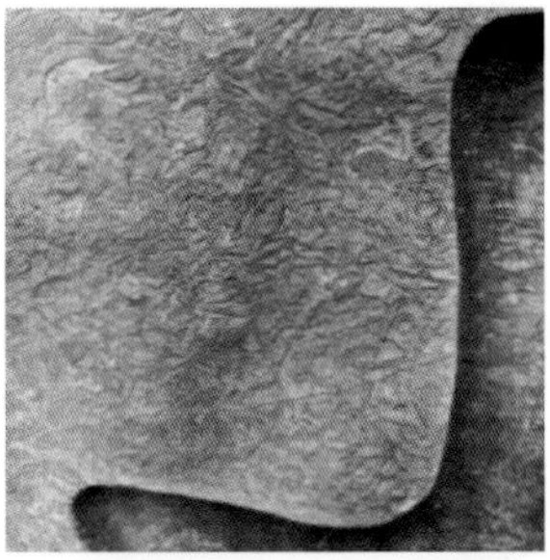

原岩成分的差异造成的差异风化

沿裂隙发育的溶沟

白色钙华沿溶蚀沟槽分布

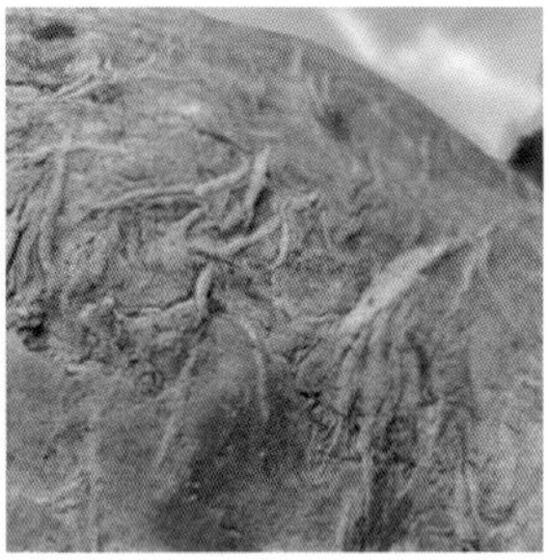

时间的温度、压力、岩浆活动与板块运动的影响而发生的变质作用。因此，古称灵璧石已不是通常的石灰岩，而是具不同变质特征的变质石灰岩，随变质程度的增高，方解石晶粒变大，致密度加大，二氧化硅含量增高，摩氏硬度变为 4 ～ 7，敲击声由沉闷变清脆；太湖石则是轻微—未变质的隐晶质—微晶石灰岩，摩氏硬度为 3 ～ 4。

被誉为天下第一石的古称灵璧石是产出于灵璧县渔沟镇的新元古代—早古生代地层中的狭义灵璧石。后来因出名后的灵璧县扩大了采石事业，现已不仅采集早古生代时期的变质石灰岩；也采集中—晚古生代—早中生代时期的轻微—未变质的石灰岩，并且统称为灵璧石。目前广义灵璧石的品种已杂乱，地质时代相同的灵璧石与太湖石很难区分。

2、本件体量硕大，长 5 米多，重数十吨；形像米老鼠，更像玉兔，憨态可掬。其外形是沿易被侵蚀的层理和裂隙方向发生差异性风化的结果。奇特的是本石主体完整而无破损，这缘于该石是在平静而稳定的深水环境下形成的厚层—块状层石灰岩。本石较平整而易于刻字的外立面是岩石形成后，因受相邻板块活动的影响而开裂产生的裂隙面，其上所刻“盛大金磬”为著名书法家上海书法协会原主席周慧珺先生所题。

044

上海国际会议中心

三泉嬉珠石

图1：刻有“三泉嬉珠”的石灰岩

三泉嬉珠石

- 位置：浦东新区滨江大道2727号，上海国际会议中心西侧
  经度121.4912 纬度31.2406
- 尺寸：长240厘米，高200厘米，厚60厘米
- 石种：石灰岩，沉积岩类
- 成因：海洋碳酸盐沉积成岩

图2：岩溶作用形成的“似角砾状”构造及沿裂隙分布的白色方解石细脉

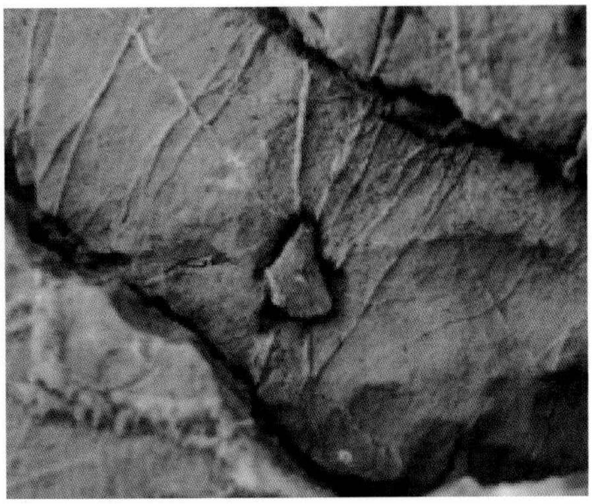

图3：清晰发育的缝合线构造

解读：

1、石灰岩是典型的海相沉积成因岩石，主要矿物成分为方解石，化学成分碳酸钙。由于其易于受到岩溶风化作用，所以形成了众多的喀斯特地貌景观和千奇百怪造型的大中小型观赏石，大到堆山造园，小到案头陈列，甚至制作价格低廉的工艺品，都可以见到石灰岩材质的石头。在建筑石材、工业岩石应用中，石灰岩更是不可或缺的重要品种。以至于除了赏石文化对其推崇备至外，更有明代诗人于谦“千锤万凿出深山，烈火焚烧若等闲。粉身碎骨浑不怕，要留清白在人间”的科学与人文的双重经典描述。

2、本件园林石上，可以清晰地观察到石灰岩形成时的层面，以及后期沿着层面差异风化出现的沟槽；还可以看到清晰发育的锯齿状“缝合线”（见图2）。“缝合线”是指主要受上覆地层压力和温度作用而产生的溶蚀现象，剖面上呈锯齿状曲线形态；在平面上呈现为参差不齐、凹凸不平的面。剖面上的形态和起伏度大小相差甚远，有的起伏十分明显，有的则较平坦以至逐渐与层面一致而消失。在一些局部的地方，还有岩溶形成的似角砾状构造及沿裂隙分布的白色方解石细脉（见图3）。

045
虹口滨江
板岩墙

芸生园内板岩墙

板岩墙

- 位置：虹口区东大名路500号，公平路渡口旁
  经度121.4962 纬度31.2497
- 尺寸：大小不一，三段大约20米
- 石种：板岩，变质岩类
- 成因：微粒—泥质沉积岩经浅变质作用形成

部分黄白色的石头是绢云母千枚岩，变质程度高于板岩，岩石表面呈现绢云母的丝绢光泽

解读：

1、什么是板岩：顾名思义，就是像板子一样的岩石。专业用语叫具有板状构造，隐晶或微晶结构的岩石，是一种很普遍的变质岩。原岩是泥质、粉质或凝灰岩，经区域下沉轻度变质作用形成。随着区域的进一步下沉，会依次变化为千枚岩、片岩、片麻岩、麻粒岩、榴辉岩、混合岩、岩浆。

2、板岩的用途：板岩石材优于人工覆盖材料、兼具防潮、抗风、保温性、安全、生态、环保诸多优点，常作为建筑材料和装饰材料及碑、砚石料，边远农村常用作房瓦。

046

陆家嘴
地名石

图1：在花岗岩上刻有“陆家嘴”三字的地名石

陆家嘴地名石

- 位置：滨江大道1850号，国际会议中心西侧
  经度121.4920 纬度31.2415
- 尺寸：长360厘米，高230厘米，厚150厘米
- 石种：花岗岩，岩浆岩类
- 成因：酸性岩浆侵入地壳深处冷凝形成

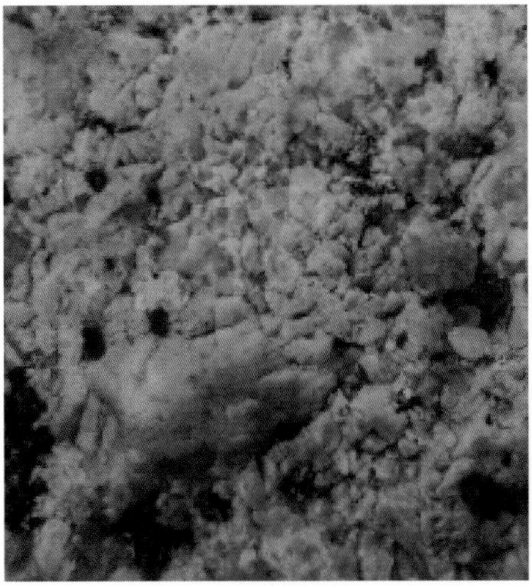

图2：花岗岩中结晶粗大的长石、石英、黑云母等清晰可辨

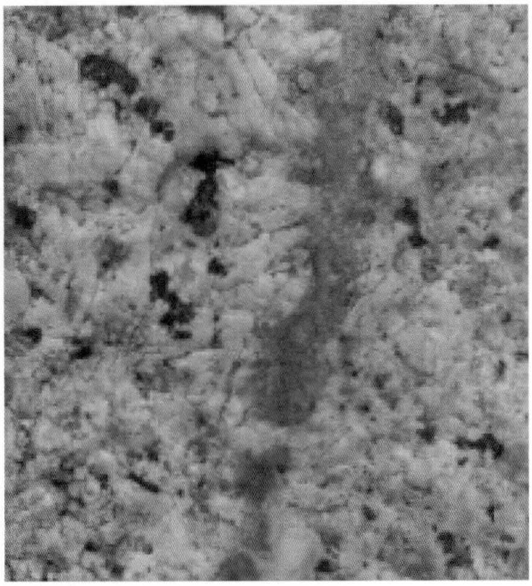

图3：后期沿裂隙贯入的岩脉结构很细，肉眼难见矿物颗粒

解读：

1、花岗岩中的主要矿物成分是肉红色的钾长石、灰白色的斜长石、浅灰色的石英及少量黑色黑云母等，本件地名石中，几种晶体结晶粗大，自形良好，长石晶体的粒径甚至在 10～20 毫米，属于典型的粗粒结构花岗岩（见图 2）。

2、由于受到搬运过程中，流水和砂砾的磨蚀，所以整体外形较为浑圆，表面风化的碎屑也被全部磨蚀掉了。人工搬移至此的时间不太久远，岩石表面新近风化程度低，所以长石、石英矿物等粒粒分明，光泽、颜色一览无余。在部分区域，甚至可以看到晶型完好的长石突出于表面。

3、仔细观察本件的右侧，还有一条后期沿裂隙贯入的由细粒石英长石等组成的岩脉（见图 3）。

047
泰东路渡口
浦江荟石

图1：刻有浦江荟三字的花岗岩

浦江荟石

- 位置：滨江大道1850号，泰东路渡口旁
  经度121.5022 纬度31.2459
- 尺寸：高600厘米，宽200厘米，厚60厘米
- 石种：花岗岩，岩浆岩类
- 成因：酸性岩浆侵入，地壳深处缓慢冷凝形成

图2：岩石中的长石晶体尺寸在1～3厘米，属于粗粒结构

图3：岩石的右上角可以见到圈层状的风化纹

解读：

1、浦江荟石是浦江荟饭店的铭牌石，石材为花岗岩。

2、本件花岗岩的最大特色是晶体粗大，花岗岩按照粒径划分标准是：由小于1毫米粒径的石英、长石、云母组成的，为细粒花岗岩；由1～5毫米粒径组成的为中粒花岗岩；由大于5毫米粒径组成的为粗粒花岗岩。在本件花岗岩中，粒径大于5毫米，最大达20毫米，并且晶形完好（见图2）。

3、浦江荟石的外形受岩浆冷凝收缩时产生的三组互相垂直的冷凝节理（裂隙）控制。表面的褐黄色，来自于后期氧化铁的浸染。之所以整体边角比较浑圆，则是后期沿三组冷凝节理由外向里逐渐风化形成的球状风化作用的结果。在其左上角可以见到黄褐色浸染状的圈层状纹理（见图3），即是这一现象的典型标志。花岗岩由于结构均一，所以沿着冷凝节理分解后呈立方体形块体，容易在各种风化作用下，形成球状风化现象，我国的花岗岩景点山体中，常常可以见到这一现象，比如，安徽黄山的“猴子望太平”、浙江嵊泗花鸟岛的“将军石”，以及多地的一些“风动石”等，俱为此成因。

048

泰东路渡口旁

高山流水盆景石

用五彩灵璧石独石成景，配天然花岗岩盆的大型高山流水盆景

高山流水盆景石

- 位置：浦东新区浦东南路27号
  经度121.5018 纬度31.2457
- 尺寸：高330厘米，宽300厘米，厚120厘米
- 石种：灵璧石，变质沉积岩类
  泰山石，混合岩类
- 成因：高山流水盆景石是海洋碳酸盐沉积岩经轻度变质作用形成
  泰山石是片麻岩等变质岩经混合岩化的超深变质作用形成

高山流水盆景旁草坪上的条带状混合岩

解读：

1、五彩灵璧石，灵璧石在《园林篇 043 陆家嘴兔王》中已有详细解读，简明扼要地说，就是一种变质灰岩，很有名气，有“天下第一石”之说。此石特色是多种颜色，红、黄、灰、黑、白都有，这是由于成岩与变质过程中致色元素与还原氧化环境决定的。

2、盆景组合，景观独特。独石成景，稍有加工，体量硕大，盆景造型，天然花岗岩盆，这样的作品全国还不多见。

3、由于泰山石禁采已久，所以近年来很大部分叫作“泰山石”的石头，是原产于太行山区阜平、曲阳一带的“雪浪石”，与泰山石的外观非常相似。灰白色部分为混合岩化片麻岩，以斜长石、石英成分居多；暗色部分以角闪石、黑云母为主，是原片麻岩基体；浅色条带状部分以长石、石英为主，是重熔岩浆的熔融体与热液沿裂隙和片理贯入的脉体。

049
闻道园
大化石

大化石的层状构造

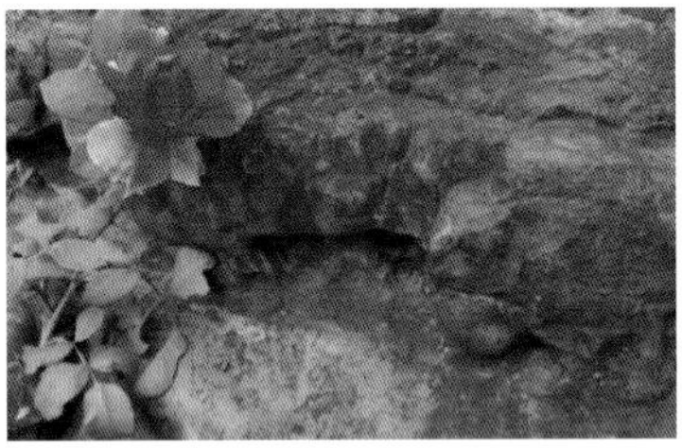

大化石中局部透闪石化

大化石

- 位置：宝山区罗店镇潘泾路2888号，闻道园内
  经度121.3511 纬度121.4386
- 尺寸：长140厘米，宽140厘米，高190厘米
- 石种：大化石，变质岩类
- 成因：沉积岩经热液交代变质形成

解读：

闻道园石馆附近的草地上有一块大化石。大化石是大化彩玉石的简称。注意不是“大的化石”，而是产于“广西大化县的石头”。

本件大化石呈黄褐色，致密、坚硬，具水平—波状层理，是沉积岩经热液交代变质作用的产物。热液沿裂隙及层理贯入盐层时，各处交代变质程度不一，在钙、镁、铁含量相对较高部位出现了含钙、镁、铁的硅酸盐矿物——透闪石与阳起石集合体。致密细腻的透闪石与阳起石集合体被称为软玉或透闪石玉。因水流易沿层理渗透，风化、侵蚀的程度较高，而下凹为槽，从而使层状构造更明显。

大化石生成于古生界二叠系约2.6亿年前，属海洋沉积硅质岩。本件原为岩浆侵入沉积岩形成的接触交代变质带外围的浅变质硅质岩，石质结构紧密，摩氏硬度5至7度，色彩艳丽古朴。

050
闻道园
摩尔石

形态奇特、似抽象雕塑的摩尔石

摩尔石

- 位置：宝山区罗店镇潘泾路2888号，闻道园内
  经度121.3511 纬度121.4386
- 尺寸：长285厘米，宽165厘米，厚105厘米
- 石种：摩尔石，变质岩类
- 成因：砂质沉积岩经热液交代变质形成

解读：

在闻道园的草地上有一块摩尔石，俗称磨刀石。摩尔石的命名，得自于英国现代雕塑大师亨利·摩尔（1898～1986）的名字，这在石种的命名上可谓绝无仅有的一例。亨利·摩尔的雕塑更多的是居于似与不似之间的抽象意味，其线条柔和，体态夸张，开合自如，十分大气，接近于现代抽象雕塑作品。

本块摩尔石暗灰色，石质致密，均质，坚硬。迎水面光滑尖锐，背水面残留水垢。冲沟柔和，并有洞穴直径 30～50 厘米。

摩尔石的原岩是致密块状的砂岩，因成岩后受火山喷发作用影响，经热变质及富二氧化硅热液沿裂隙贯入发生热液交代变质，使石体的层理面不再存留。岩块的节理裂隙、岩石中的成分、结构出现软硬差异，受河流水蚀及冲刷又造成差异侵蚀，留下没有裂隙的坚硬块体。又因其所处河床环境的特殊性，有的弧形弯曲部位保存完好，从而形成十分奇特的外形。

051

上海金山

贝壳堤

图1：金山区沙积村高宅基古冈身遗址

贝壳堤

- 位置：金山区漕泾镇沙积村高宅基
  经度121.4283 纬度30.8111
- 尺寸：长30厘米，高18厘米，厚18厘米
- 石种：生物贝壳碎屑堆积（半成岩）
- 成因：海洋有壳生物的贝壳在潮汐和波浪作用下平行岸线形成的高冈地貌

图2：冈身上生物碎屑堆积（半成岩）

解读：

1、贝壳堤又名冈身，是古海岸线的遗迹，发育于海岸高潮线附近由波浪作用塑造而成的滨岸堤。

位于上海西部的冈身是一条重要的地质界线，它北起长江之滨的福山，经常熟、太仓、嘉定、青浦、松江、奉贤及金山等地，南迄杭州湾畔的漕泾、柘林，长达 130 公里，宽 2 ～ 8 公里。整个冈身地带有若干条断续分布、近于平行的贝壳堤，大体呈北北西一南南东走向延伸。据碳 14 测年结果，在金山区漕泾镇沙积村高宅基的冈身距今 6800 ～ 6000 年，是上海境内迄今于地表所发现的最早的全新世盐沼滩脊。但由于长期以来人类挖沙建房等活动的影响，冈身已经所剩无几，部分地方甚至成为了鱼塘。只有沙积村高宅基下的冈身，因上面建有民房而得以保存，成为上海地区目前保存得最完整的古海岸遗址，是研究上海乃至长江三角洲海陆变迁的“化石”。

2、高宅基古冈身遗址是一个隆起的天然贝壳堤，长约 40 米，东西宽约 20 米，面积约 800 平方米，高出地面、深入地表各 1.5 米左右，表土 0.15 米以下为泥沙夹层，0.3 米以下为白色蚌壳砂。最新勘探成果揭示，该遗址分布向西有一定延展。

3、此冈身石（见图 2）由贝壳与矿物组成。贝壳类生物壳体达 70% 以上，属种较为单一，呈杂乱迭叠。矿物主要为石英、长石、岩屑及黏土矿物、重砂矿物等。

建筑篇

(052~074)

052
上海南站
泰山石

上海南站前的泰山石

脉体三向交叉的网状

脉体互相平行的条带状

泰山石

- 位置：徐汇区宾阳路宾南路口
  经度121.4291 纬度31.1532
- 尺寸：长900厘米，高220厘米，厚100厘米
- 石种：混合岩，变质岩类
- 成因：片麻岩等变质岩经混合岩化作用形成

解读：

1、混合岩一般由两部分物质组成：一部分是原变质岩，称为基体，一般是变质程度较高的片麻岩、斜长角闪岩和麻粒岩等，颜色较深；另一部分是下部重熔岩浆的熔融体或热液注入、交代而新形成的岩脉，称为脉体，形成的成分主要是石英、长石，颜色较浅。混合岩化程度不同，混合岩中脉体与基体的相对数量也就不同。基体与脉体混合的形态是多样的，其混合岩也是多样的。

2、本件的脉体呈条带状贯入到基体中，宽处有十几厘米，并成三向交叉的网状，称为网状混合岩；如果脉体在基体中呈平行的条带，称为条带状混合岩。当长英质熔体或富含K、Na、Si的热液彻底交代原先的变质岩石时，原来岩石的宏观特征完全消失时，称为混合花岗岩，是混合岩化变质作用程度极高时的产物。

053
中欧街
翡翠石

表面浅黄褐色的是氧化浸染形成的“皮”，里面浅绿蓝色的才是翡翠

翡翠石

• 位置：闵行区浦锦街道浦星公路567弄上海中欧街
　　经度121.4986 纬度31.1205

• 尺寸：长约200厘米，高120厘米，厚180厘米

• 石种：翡翠，变质岩类

• 成因：翡翠的成因相当复杂，大致是在距今7000万年前，喜马拉雅造山运动时期，两大板块运动造就了高压低温的条件下，经过反复挤压、热液变质作用下的产物。

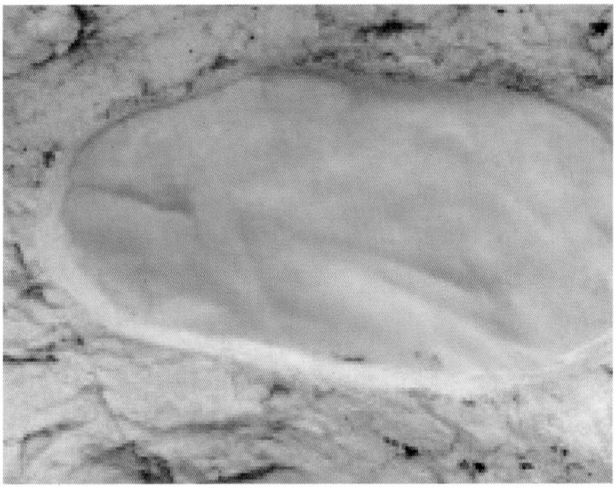

原石“窗口”所见的翡翠

解读：

翡翠是以硬玉矿物为主的隐晶—微晶质集合体。硬玉的化学式为：$NaAl[Si_2O_6]$，其硅酸根与辉石相同，故属辉石族矿物。翡翠是硬玉集合体的宝石学名。由于翡翠成因条件复杂苛刻，产地并不多，只有美国、日本、俄罗斯、危地马拉、缅甸、哈萨克斯坦、意大利等国家产出。

市面上 95% 的翡翠都产自缅甸，但是近年来受新冠疫情与缅甸自身政权因素的影响，能进入国内的翡翠原料越来越少，但仍不能动摇缅甸翡翠在整个国际上的地位。

这块翡翠原石棱角分明，在显著位置开有窗口，可以清晰地看到内部翡翠的质地，混杂着白色、绿色和紫色的翡翠，最为难得的是体量巨大，表面上的印记显示重量达到 5 吨以上，价值不菲。

054
七宝蒲汇塘桥
龙头石

龙头石

蒲汇塘桥

龙头石

- 位置：闵行区七宝镇蒲汇塘
  经度121.3402 纬度31.1558
- 尺寸：长55厘米，高45厘米，厚50厘米
- 石种：花岗岩，岩浆岩类
- 成因：酸性岩浆侵入地壳深处冷凝成岩

解读：

在七宝古镇有一座古石桥具有505年历史。蒲汇塘桥为三孔式拱桥，呈南北走向，跨蒲汇塘。全长31.05米，宽5.45米。最引人注目的是桥侧有4对桥耳朵，又名龙头石、天盘石等，它的作用是在水平方向上贯穿桥体，是一种更巧妙的保险结构，用于固定两侧桥体结构。由于此石特别重要，选用的花岗岩是最好的。

蒲汇塘桥全体由花岗石建造。岩性中粗粒花岗岩，主要成分肉红色钾长石、浅灰色石英、黑色黑云母块状、致密，均质，坚硬。不易风化，历经5个世纪，原石保持原貌。

055
南京路步行街
铭牌石

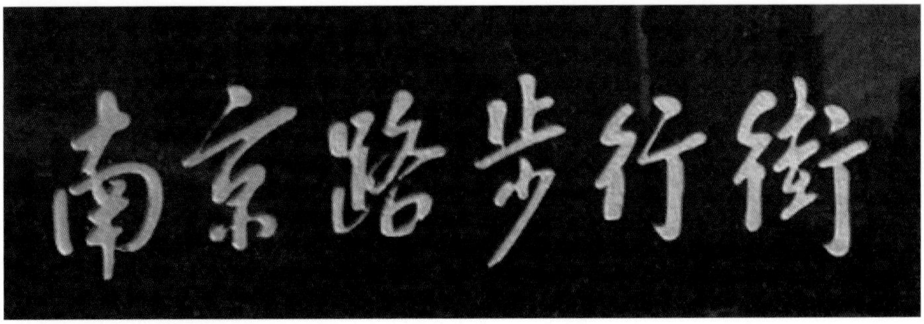

南京路步行街铭牌石

铭牌石

- 位置：南京路与西藏中路交叉
  经度121.4792 纬度31.2392
- 石种：花岗岩，岩浆岩类
- 成因：酸性岩浆侵入地壳深处冷凝成岩

解读：

南京路是上海市开埠后最早建立的一条商业街，有中国第一街之称。东起外滩、西迄延安西路，横跨两区，全长5.5公里，以西藏中路为界分东西两段，东段现为步行街。本件街名石为花岗岩（俗称将军红）。如此鲜红是因为红色钾长石含量高、晶体大。外滩陈毅广场的陈毅铜像基座同为此石。

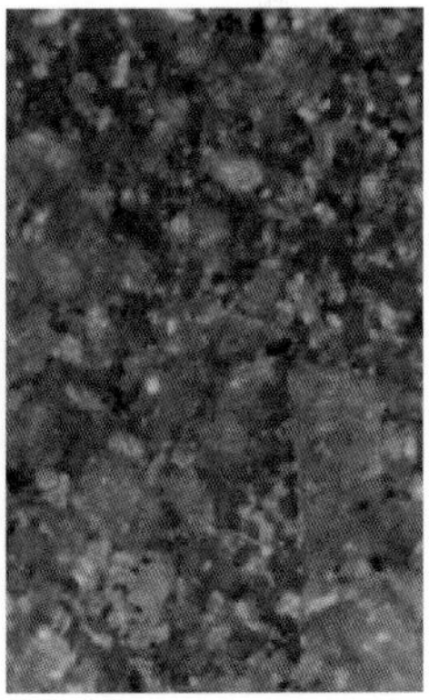

陈毅铜像的花岗岩基座

056
人民英雄纪念塔
供石

纪念塔前安山岩供石

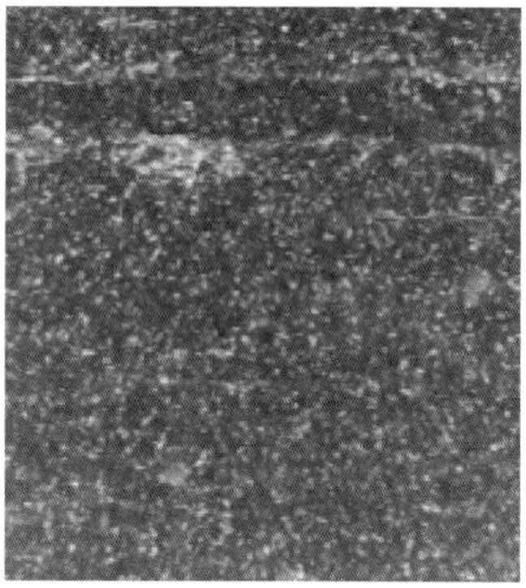
安山岩中的流动构造

供石

- 位置：外滩与苏州河、黄浦江交汇处
  经度121.4870 纬度31.2442
- 尺寸：长180厘米，宽162厘米，高52厘米
- 石种：安山岩，岩浆岩类
- 成因：中性岩浆喷出，冷凝成岩

解读：

安山岩得名于纵贯美洲的安第斯山。这是一种火成岩，属于中性喷出岩。斑晶主要为斜长石及暗色矿物。常见暗色矿物有辉石、角闪石和黑云母。基质主要为玻璃质（岩浆未结晶物质）、隐晶质、微一细晶斜长石与角闪石等，具玻基交织结构，随岩浆流动玻璃质、隐晶质和斜长石、角闪石定向或半定向排列构成的流动构造。其中的红色是因所含铁质被氧化后而致色。

057

上海环球金融中心

化石墙

上海环球金融中心的招牌贴在化石墙上

化石墙

- 位置：世纪大道100号上海环球金融中心
  经度121.5036 纬度31.2371
- 石种：含生物碎屑灰岩，沉积岩类
- 成因：生物遗体被碳酸钙沉积物迅速掩埋后形成

海百合化石

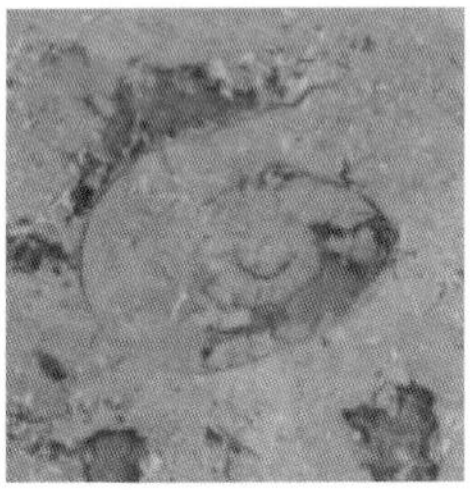

菊石化石

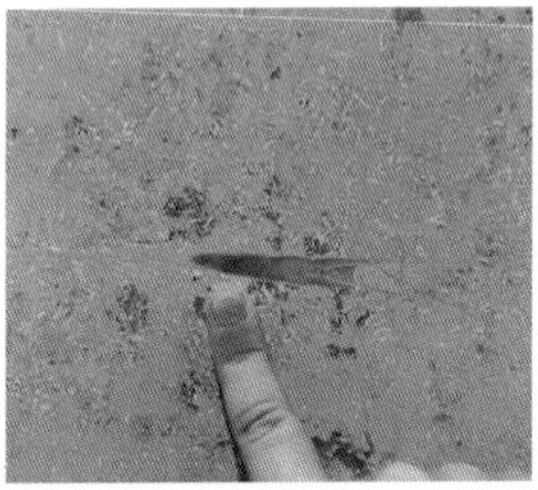

箭石化石

解读：

上海环球金融中心，曾经的中国第一高楼，坐落于上海小陆家嘴。其西南墙和东墙外侧贴的是“西班牙米黄大理石”，其实不是大理岩而是石灰岩。大理岩是变质岩，其中没有化石。这里的灰岩中常能找到海百合、珊瑚、菊石等远古化石。东面的出租车上下口左侧就发现多种化石，上面图片仅是部分实拍。

058

黄浦公园

人民英雄纪念塔石

上海人民英雄纪念塔

纪念塔石

- 位置：黄浦区中山东一路500号，黄浦公园内，苏州河入黄浦江口南岸
  经度121.4870 纬度31.2442
- 尺寸：三巨柱均高6000厘米，浮雕群，全长1200厘米，高380厘米
- 石种：花岗石，岩浆岩类
- 成因：酸性岩浆侵入地壳深处冷凝成岩

上海人民英雄纪念塔浮雕群

解读：

1、地壳上的岩石大多呈黑、灰或白的色调，唯“花岗岩”是具有肉红—褐黄色花般斑状纹饰的岩石，故而名之。花岗岩是岩浆在地下深处缓慢冷凝而成的岩浆深成侵入岩，因此岩石全部由粒径大于1毫米的矿物晶粒组成，构成全晶质中—粗粒结构；其矿物成分取决于岩浆的成分，形成花岗岩的是富钾钠铝硅、贫铁镁钙的岩浆（地质学中称为酸性岩浆）。花岗岩由钾长石、斜长石、石英和少量黑云母等暗色矿物组成。通常长石占2/3，钾长石多于斜长石，石英20%～30%，暗色矿物少于10%。岩石的花斑纹饰色彩主要来自于含钾钠成分的铝硅酸盐矿物——肉红色的钾长石（K,Na）[AlSi308]。

2、花岗岩具全晶质镶嵌结构，质地致密坚硬，硬度高、耐磨损，颜色美观，外观色泽可保持百年以上，常用作房屋基座、廊柱、大厅、外墙等高级建筑装饰材料，以及大型雕塑材料、尤其是露天雕刻的首选之材。在建材行业中称为花岗石。

3、上海市人民英雄纪念塔建筑面积1.6万平方米，建成于1993年，是为了缅怀自1840年以来为解放上海而献出生命的革命先烈而建成的纪念性建筑，由上海同济大学设计。主塔由3根步枪状巨柱相互支撑着架起，在塔底向上看有冲天凌云之感，寓意鸦片战争、五四运动、解放战争以来光荣牺牲的先烈永垂不朽。塔基四周下沉式广场四壁是7组大型浮雕群，浮雕以写实的手法，表现了从1840年至1949年间上海人民的革命斗争历程。整个纪念塔建筑的外立面及浮雕群全部为花岗石。

059
外白渡桥
地名石

外白渡桥

外白渡桥地名石

- 位置：苏州河与黄浦江交汇处外白渡桥
  经度121.4859 纬度31.2458
- 尺寸：长60厘米，宽40厘米
- 石种：辉长玢，岩浆岩类
- 成因：基性岩浆侵入地壳上部，较快速冷凝成岩

辉长玢岩地名石的局部放大：具斑状结构，斑晶为灰白—彩色的斜长石和深灰—灰黑色的辉石较大晶体，基质为充填在斑晶间的微粒和隐晶质

解读：

1、1907 年 12 月 29 竣工，1908 年 1 月 20 日建成通车，至今已有 115 年历史。由于其厚重的历史和独特的设计，成为上海的著名标志，也是上海的现代化和工业化的象征。这是中国第一座全钢结构铆接桥梁和仅存的不等高桁架结构桥，也是连接黄浦区与虹口区的重要交通要道。1994 年 2 月 15 日，上海市人民政府列为优秀历史保护建筑。

2、桥体没有石材，仅桥头四座地名装饰建筑为粗粒花岗岩，而标牌石是值得科普的辉长玢岩。其是富铁镁钙、贫钾钠、二氧化硅含量占 45% ～ 52% 的基性岩浆侵入到地壳上部冷凝的浅成侵入岩。在岩浆上涌的过程中，随温度、压力的的下降就有辉石与斜长石等晶体在岩浆中生成，并逐渐长大成斑晶：当到达近地表处，因温度、压力快速下降大量晶体同时晶出，它们充填在斑晶间，成为微晶与隐晶质的基质，总体构成斑状结构。辉长玢岩通常产于火山颈及其下方的岩墙中。基性岩浆冲破地壳，在地表快速冷凝形成的是玄武岩。

3、基性斜长石（又名拉长石）多具聚片双晶，在垂直或近于垂直双晶面的切面上，不同方向的反射光会发生干涉现象，而呈现变彩效应，所以在抛光面上以不同角度观察时，一些长石晶体会有不同的色彩。相隔几米的证券博物馆老地名牌也是同样石材。

060

外滩信号台
史记石

外滩信号台

信号台史记石

- 位置：黄浦区中山东二路1甲
  经度121.4867　纬度31.2442
- 石种：玄武岩，岩浆岩类
- 成因：基性岩浆喷出，冷凝成岩

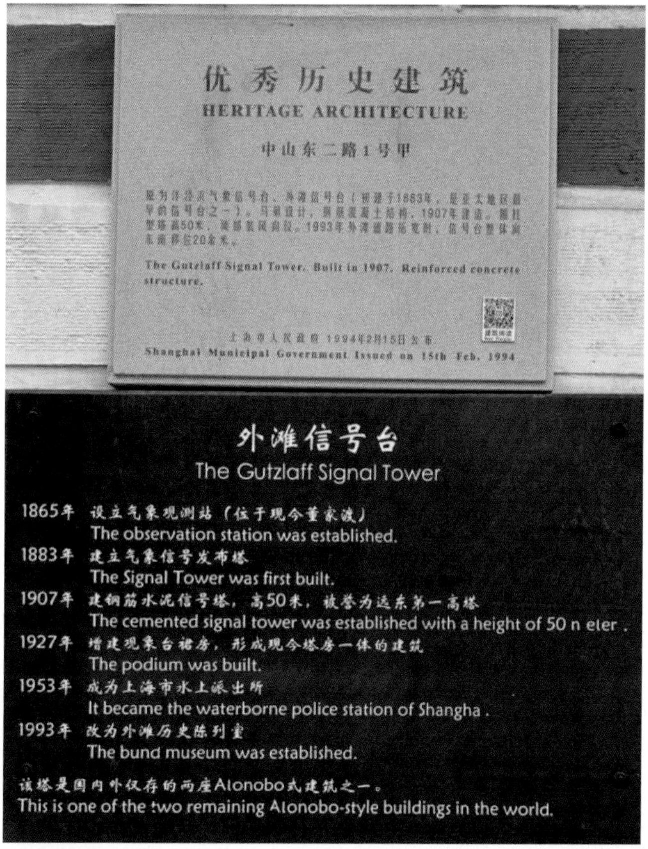

优秀历史建筑
HERITAGE ARCHITECTURE
中山东二路1号甲
The Gutzlaff Signal Tower. Built in 1907. Reinforced concrete structure.
Shanghai Municipal Government Issued on 15th Feb. 1994
外滩信号台
The Gutzlaff Signal Tower
1865年 设立气象观测站（位于现今董家渡）
The observation station was established.
1883年 建立气象信号发布塔
The Signal Tower was first built.
1907年 建钢筋水泥信号塔，高50米，被誉为远东第一高塔
The cemented signal tower was established with a height of 50 n eter .
1927年 增建观象台裙房，形成现今塔房一体的建筑
The podium was built.
1953年 成为上海市水上派出所
It became the waterborne police station of Shangha .
1993年 改为外滩历史陈列室
The bund museum was established.
该塔是国内外仅存的两座Atonobo式建筑之一。
This is one of the two remaining Atonobo-style buildings in the world.

注意图中两块铭牌，上面一块为人工制品，下面一块才是天然玄武岩。最明显的区别是，天然石材触感导热性强，所以触感更凉。

解读：

外滩信号台史记石刻录了信号台自1865年建立以来，随着社会与科技的发展，塔台的功能及名称随之多次变动的演变历史。其石材为黑色玄武岩，玄武岩是富铁镁钙、贫钾钠铝硅的基性岩浆，喷出地表快速冷凝的产物，因岩浆固化过程短，其中物质来不及充分结晶，所见矿物晶粒大多细小，个别较大的称为斑晶，还有不少没有结晶的物质称为玻璃质，岩石具半晶质斑状结构。肉眼可见矿物主要有黑色的辉石、灰白色的斜长石。本件中的矿物都较细小。

061
外滩
情人墙石

外滩防汛观景平台

情人墙石

- 位置：中山东一路黄浦江水边
  经度121.4873 纬度31.2366
- 尺寸：长1700米
- 石种：花岗岩，岩浆岩类
- 成因：酸性岩浆侵入地壳深处冷凝成岩

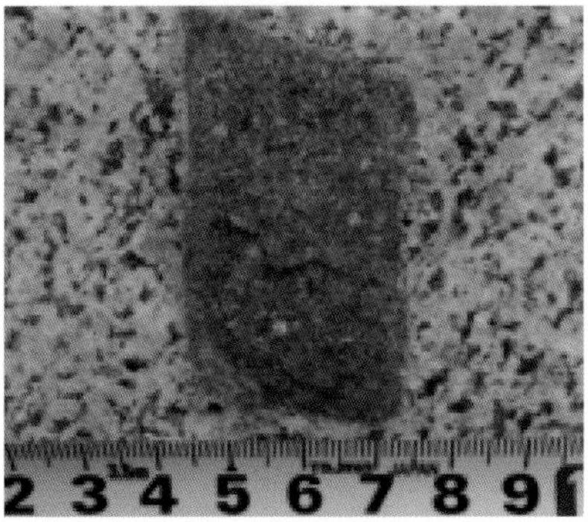

棱角分明的角砾状捕虏体

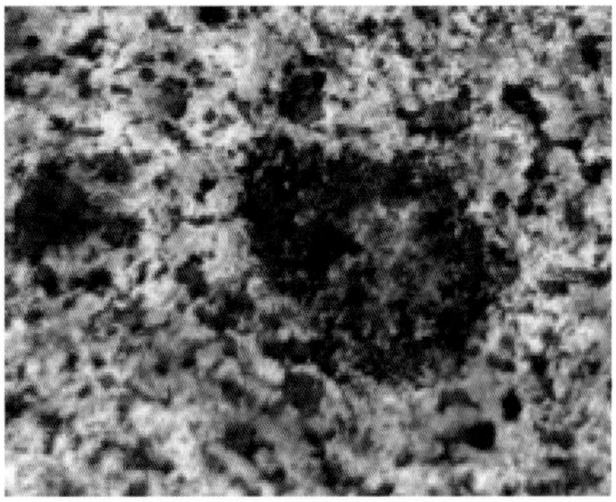

花岗岩中的析离体以暗色矿物居多、接触部位界限不分明为主要特征

解读：

花岗岩里面的长石，除了常见的肉红色钾长石外，还有相对较浅的灰白色钠长石，自形晶体的大小也有很大差别。所以我们经常在建筑上见到不同色调及粒度的花岗岩。在外滩黄浦江西侧大堤上，就可以见到这种中粒度的灰白色花岗岩。靠近人民英雄纪念塔处可见浅肉红色的花岗岩，以及里面包含的棱角分明的捕虏体和大小不一的析离体，其中捕虏体的暗色矿物，如角闪石、黑云母比花岗岩中更多。

外滩防洪堤有个浪漫名，“万人情人墙”，建造在伸向浦江上的空箱式结构防汛墙上，地面用 14 万块彩色地砖和花岗石铺成。临江的一边有 32 个半圆形花饰铁栏的观景阳台，64 盏庭柱式方灯。观光台上还有 21 个碗形花坛，柱形方亭和六角亭，以及供游人休息的造型各异的人造大理石椅子。

拓展“情人墙”诞生背景：一是当年上海人生存空间狭小，数代同堂。男女青年谈恋爱上对方家不方便，只能到户外。公园黑灯瞎火常有民兵干扰，更没有酒吧、舞厅，只有马路；二是治安差，不敢走黑处。于是，情侣们不约而同地找到了既隐蔽又安全的地方——外滩防洪墙。

万人趴墙，脸朝江水，局外人只看到背影，很难辨识。成对男女，连绵数里，旁若无人，耳鬓厮磨。也许有点西班牙裸泳浴场的意思。情人墙是一道穿越时空的风景线。

062
东方明珠塔
装饰石

墙面均为钠长石为主的灰色花岗岩——芝麻灰

东方明珠装饰石

• 位置：上海市浦东新区世纪大道1号
　　经度121.5063 纬度31.2451

• 石种：地面为花岗岩，俗名“将军红”“芝麻灰”；墙面都是“芝麻灰”；岩浆岩类

• 成因：酸性岩浆侵入地壳深处冷凝成岩

广场地面都是花岗岩，俗名红的叫“将军红”、灰的叫“芝麻灰”，巨大的三根柱子都是水泥浇铸

解读：

东方明珠塔，曾经是中国最高建筑和上海第一人气景点。环顾四周，除了人头就是石头，这里的石头都在地面和墙面，赏景之余，学点地球科学知识，可受事半功倍之益。

地面和墙面都是花岗岩，建筑石材行业把红的叫“将军红”、灰的叫“芝麻灰”。巨大的三根柱子都是水泥。人民广场的地面红石、南京路步行街的地名石、陈毅广场铜像基座等都是“将军红”。

同样是花岗岩，“将军红”为什么那样红？花岗岩主要就是三种成分：石英、长石、云母。“将军红”里的长石是钾长石，“芝麻灰”里的长石是钠长石，钾红钠白，钾越多就越红，钠越多就越白。

063 陆家嘴东泰路 气孔玄武岩地砖

陆家嘴东泰路200号路段气孔玄武岩地砖石

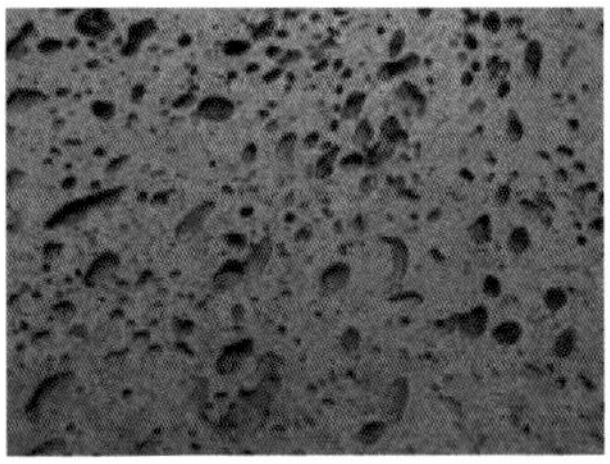

气孔玄武岩的局部放大图

气孔玄武岩地砖

- 位置：浦东东泰路200号地面
  经度121.5030 纬度31.2338
- 尺寸：约长400米
- 石种：玄武岩，岩浆岩类
- 成因：基性岩浆喷出，冷凝形成

解读：

火山喷发是壮观的地质奇观。炽热的岩浆里含有大量的气体来不及溢出。当岩浆在地表边冷凝，边排气时就会留下排气孔，形成具气孔构造的喷出岩。气孔的含量和大小受到岩浆的成分、压力的大小等影响。二氧化硅含量低的基性岩浆流动性高，冷凝较快，气体易排出，形成的气孔就较多；二氧化硅含量高的酸性岩浆，则与其相反。此外，熔岩流顶部气体易排出，形成的气孔较多；熔岩流的下部则少或无。玄武岩是基性岩浆的喷出岩，陆家嘴东泰路的玄武岩地砖石多为棕红色、灰黑色，主要有细小的黑色辉石、灰白色斜长石、隐晶质及未结晶的玻璃质组成，局部可见橄榄石、辉石、斜长石的斑晶，因具气孔构造，而称气孔玄武岩。气孔玄武岩有广泛的用途，除了常见的用于防滑渗水的路面铺装外，还可以做成装饰性石材。粉碎成不同粒度后可用作过滤材进行水质处理，还可以制作火山岩砖。在太阳系的类地行星上，不只是地球上有火山，在水星、金星和火星上同样有着曾经的火山活动痕迹。

064
金茂大厦正门喷泉
钙华

喷泉旁白色围栏石材是钙华

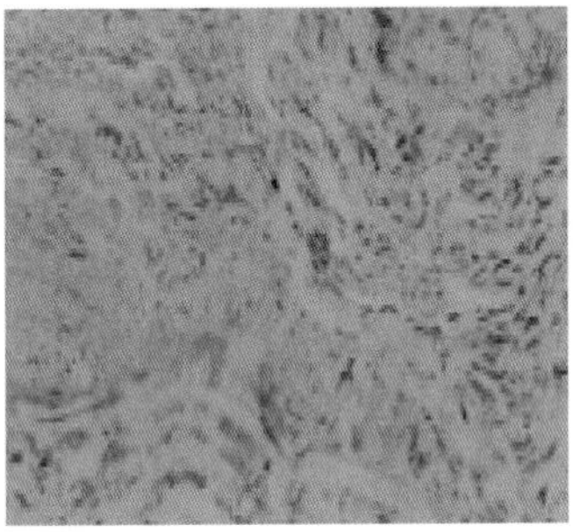

钙华的纹层，其间有空隙

钙华

• 位置：浦东新区世纪大道88号，金茂大厦正门喷泉
经度121.5056 纬度31.2352

• 石种：钙华，沉积岩类

• 成因：溶有碳酸氢钙的水体，因二氧化碳的逸出，溶解度下降，而形成的碳酸钙质化学沉淀物

解读：

岩溶作用在石灰岩地区，除了形成千奇百怪的峰林、峰丛等在野外经常可以见到自然景观外，溶解石灰岩后含碳酸氢钙的地下水，接近和露出于地表时，因二氧化碳大量逸出形成碳酸钙的化学沉淀物，被称为钙华。常见的地貌形态有钙华堆、池、丘、扇，以及各种形态的钟乳石等。

钙华的主要矿物成分为方解石和文石，纤维状细晶结构的集合体，薄厚不同的层状、同心层状构造。普通的钙华，纹层之间一般结构致密度较差，硬度低，便于加工，但是因为结构问题，耐风化、耐污染程度差，建材类成品不适合在物理化学风化作用强烈的地区使用，更不适合用作承重的建筑墙体使用。

065

金茂大厦外墙

石榴石斜长岩面砖

金茂大厦底层四周墙面及廊柱选用石榴石斜长岩为面砖石

石榴石斜长岩面砖

- 位置：浦东新区世纪大道88号，金茂大厦四周墙面及廊柱
  经度121.5056 纬度31.2352
- 石种：石榴石斜长岩，变质岩类
- 成因：沉积岩或岩浆岩经区域变质作用形成

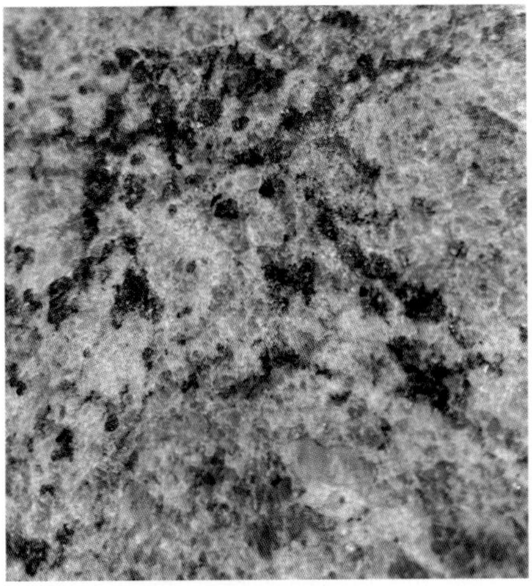

酒红色的石榴石颜色鲜艳

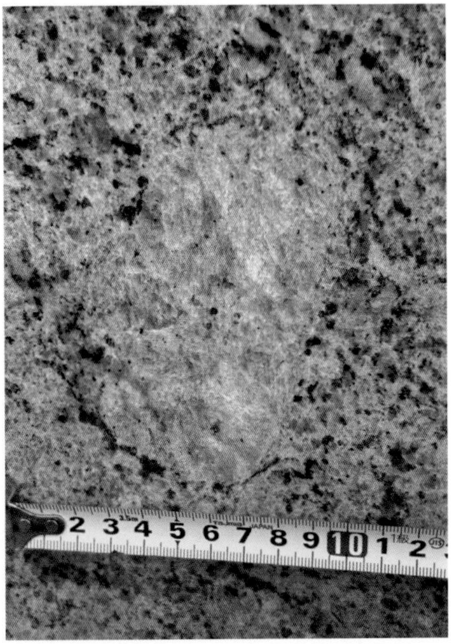

晶形良好的板柱状斜长石晶体，有时可见环带构造

解读：

石榴石斜长岩是一种由中酸性岩浆岩经变质作用形成，岩石重结晶程度较高，变质程度较深。主要由石榴石、斜长石及少量的云母、角闪石等组成，石英含量极少。石榴石呈鲜艳的酒红、玫红色，自形、等轴粒状，半透明，含量较高。斜长石灰白色—灰色，截面上可以清晰地见到解理，半透明，因为变质过程中的压力，使其多呈现浑圆状、似环斑状形态，常见大于 3 ～ 5 厘米的巨晶。岩石整体具有较好的矿物特征及观赏性。

066
金茂大厦院墙
致密玄武岩面砖

用灰黑色致密玄武岩作面砖石的矮院墙

致密玄武岩面砖

- 位置：浦东新区世纪大道88号，金茂大厦院墙
  经度121.5056 纬度31.2352
- 尺寸：总长约1000米
- 石种：致密玄武岩，岩浆岩类
- 成因：基性岩浆喷出冷凝形成

致密玄武岩很细腻，肉眼几乎不可见矿物颗粒

解读:

玄武岩是地壳中常见的岩石类型之一，有多种不同的结构和构造。其中致密玄武岩作为相对高端的石材，具有结构细密、质地坚硬、抛光效果佳、耐腐蚀等多种优点。

致密玄武岩的主要矿物成分为黑色辉石和灰白色斜长石，细小的晶体形成纤维交织结构。与产于熔岩流顶部的气孔玄武岩不同，致密玄武岩产于熔岩流的下部，无气孔，呈块状构造。在自然界中，致密玄武岩还经常形成奇特的地质景观——柱状节理构造。比如，我国的长白山、内蒙古察右后旗火山群、山东昌乐、江苏六合、福建漳州、云南腾冲及海南海口等地，均可以见到这种致密玄武岩天然石柱景观。世界上其他国家也有分布，例如，美国的“魔鬼塔”、英国大西洋海岸的“巨人之路”等。

067

上海大厦
蛇纹岩面砖

上海大厦正门采用暗绿色蛇纹岩为墙面砖石

蛇纹岩面砖

- 位置：北苏州路20号上海大厦正门墙
  经度121.4858 纬度31.2461
- 石种：蛇纹岩，变质岩类
- 成因：富镁岩石经热液交代变质作用形成

P129-上海大厦裙楼外观皆为蛇纹岩

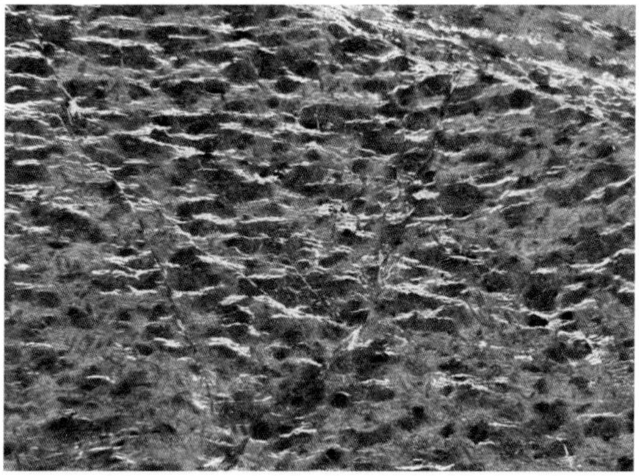

纤维状蛇纹石定向分布形成蛇皮状外观

解读：

富镁岩石（超基性—基性岩、白云岩等）受低—中温热液交代作用，使原岩中的富镁矿物（橄榄石、辉石或白云石等）发生蛇纹石化。蛇纹石是一种含氢氧根的镁硅酸盐矿物，其化学式为$Mg_6[Si_4O_{10}](OH)_8$，多呈各种绿色调的片状、纤维状集合体，外观青绿相间像蛇皮纹饰而得名。当岩石以蛇纹石为主时，称为蛇纹岩。

上海大厦正门采用的蛇纹岩墙面砖呈暗绿色，纤维状蛇纹石定向分布形成蛇皮状或鱼鳞状纹理。质地细腻、局部有半透明的玉石状团块（岫玉）；在纤维状密集定向排列处，当您转换观察方向时可见猫眼效应。

068
上海中心院内
似斑状花岗岩地砖

红框中卡氏双晶发育的长石在阳光下明暗界限分明

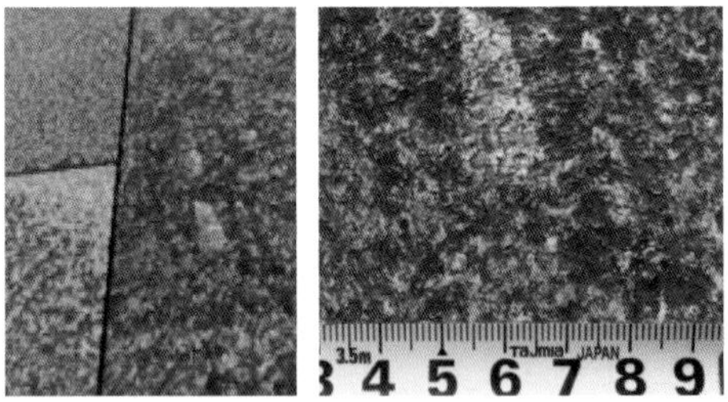

全晶质粒径相差悬殊的似斑状花岗岩，凹陷处沉积了黑色污渍

似斑状花岗岩地砖

- 位置：浦东新区银城中路501号，上海中心院内环路
  经度121.5053 纬度31.2335
- 石种：侵入岩，岩浆岩类
- 成因：酸性岩浆侵入地壳深处冷凝形成

解读：

岩浆岩除了颜色有深浅之分，也有晶粒粗细之分，还有矿物大小均匀性之分。当岩浆岩中矿物大小分布均匀时称等粒结构；大小分布悬殊时，大的晶体叫斑晶，周围细小部分叫基质。当基质中有隐晶质或非晶质时称斑状结构；当基质为全晶质时称似斑状结构。显然，细晶等粒结构及斑状结构出现在浅成侵入岩与喷出岩中，中一粗晶等粒结构与似斑状结构出现在深成侵入岩中。

上海中心院内路面上铺设的似斑状花岗岩地砖石是酸性岩浆的深成侵入岩。新鲜面呈浅肉红一灰白色，其中的长石斑晶体发育良好，在长方形的切面上，可见典型的卡式双晶半明半暗的闪光。因为岩石表面深浅不同的凹坑中有成年污渍，变成了灰黑色。注意，这可不是花岗岩本身的颜色，如果清洗干净后，这些岩石总体还会呈现浅肉红一灰白色。

069
上海中心J酒店
鹰睛石面砖

红框中上海中心J酒店旁墙面砖为鹰睛石

鹰睛石呈现的彩色猫眼

鹰睛石面砖

- 位置：浦东新区银城中路501号，上海中心J酒店门口
  经度121.5053 纬度31.2335
- 石种：硅化青石棉，变质岩类
- 成因：二氧化硅胶体交代形成

解读：

相对于其他建筑及装饰石材来说，鹰睛石绝对是极为高端的品种，因为大部分时候，人们会把这种颜色亮丽并具有猫眼效应的石头，做成诸如戒面、手串、手镯等首饰艺术品出售。所以，在建筑墙面上，能见到这种石材的机会很少。

鹰睛石是天然的钠镁闪石、阳起石等青石棉或蓝石棉，被二氧化硅胶体强烈交代和胶结后形成的，灰蓝色调的被称为“鹰睛石”，黄色调的被称为“虎睛石”，除此之外，还有浅黄、棕红等天然颜色，以及染色处理的绿色、紫色等。一般不透明，质地非常细腻者呈微透明状。保留了石棉的纤维状结构，丝绢光泽，质地坚硬细密。垂直纤维方向切磨抛光后，弧面上会呈现出清晰的猫眼效应。除了主要的硅质成分外，有时候还可以见到夹杂在中间的或宽或窄的赤铁矿条带。

上海中心外墙
白岗岩面砖

上海最高楼上海中心

白岗岩面砖

- 位置：浦东新区银城中路501号，上海中心西墙及北墙
  经度121.5053 纬度31.2335
- 石种：白岗岩，岩浆岩类
- 成因：酸性岩浆侵入地壳深处冷凝形成

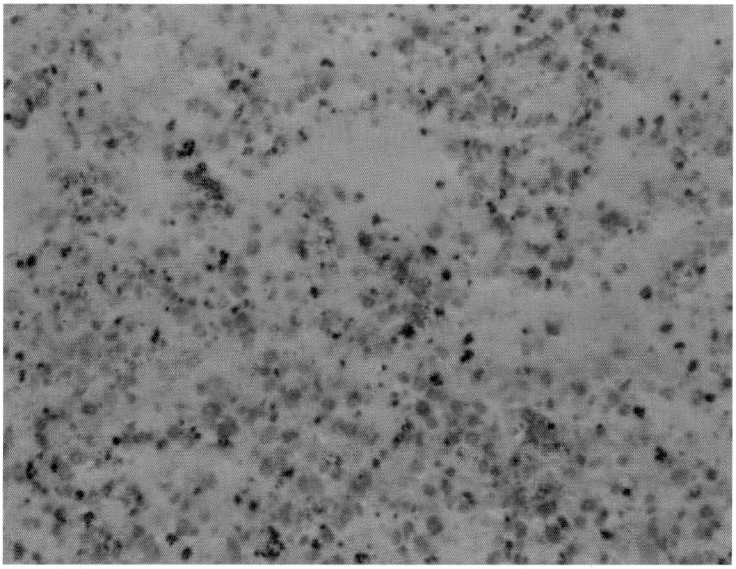

岩石中的长石、石英、云母等呈全晶质结构、块状构造

解读：

白岗岩是花岗岩类的变种之一。与一般肉红色的花岗岩的主要区别是颜色很浅，总体呈灰白色。这是因为其主要矿物成分都是浅色的：浅灰色的石英，灰白色的钠长石、浅色的钾钠长石。除少量黑云母外，不含其他暗色矿物。与花岗岩一样的是具全晶质结构、块状构造。因为颜色较浅，所以这种石材易与大理岩混淆，所以要仔细观察其细腻的长石、自形发育较好的石英晶粒等特征，来加以区别。当然，条件容许的情况下，通过与盐酸的反应，也可以很容易的区分两者，大理岩遇冷盐酸剧烈气泡，白岗岩则没有反应。

071

上海中心外墙
石榴石云母片岩面砖

远看为灰色色调

垂直片理方向可以见到内含柱状、片状矿物的长轴形态

石榴石云母片岩面砖

- 位置：浦东新区银城中路501号，上海中心大厦外墙南面、西南面
  经度121.5053 纬度31.2335
- 石种：片岩，变质岩类
- 成因：泥岩、砂岩或中酸性火山岩经区域变质作用形成

解读：

石榴石云母片岩是一种具片状构造的区域变质岩，一般由泥质岩、钙质砂岩或中酸性岩浆岩经中低级变质作用形成，具斑状变晶结构，基质为白云母、黑云母、石英、少量斜长石等组成。变斑晶为石榴石，呈紫红色，自形、等轴粒状，晶体周边可见压力形成的眼球状构造；白云母呈薄片状，并在岩石中呈定向分布，因含大量的白云母，所以片理表面呈闪亮的珍珠光泽，垂直片里面的方向则光泽较弱。

由于所含矿物的硬度差异，所以岩石表面经切割并简单处理后，还保留了凹凸不平的形态，更增加了其质感。

072
外滩信号台
闪长岩石墩

外滩信号台北侧休息区闪长岩石墩石

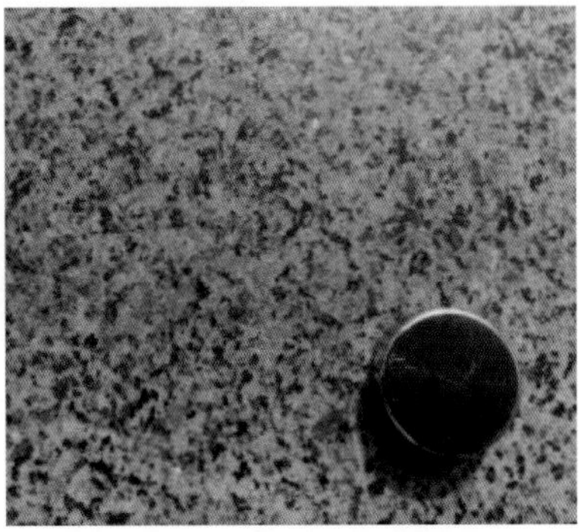
岩石有明显的磁性

闪长岩石墩

- 位置：黄浦区中山东二路1号甲，外滩信号台北广场游客休息区
  经度121.4867 纬度31.2442
- 石种：闪长岩，岩浆岩类
- 成因：中性岩浆侵入地壳内冷凝形成

解读：

在野外经常可以见到岩浆侵入形成的闪长岩岩墙，并由沿着剪切节理形成的大小不等的球状风化，常被认为是鬼斧神工的石头。其实在生活应用中，它是一种产量较大、价格相对不太高的建筑石材。

其主要矿物成分为暗色的角闪石和浅色的斜长石，细小的针状角闪石和斜长石形成致密的交织结构，所以韧性很高，适合切割加工；抛光后光洁度高，坚硬耐磨，耐化学风化；可切割成板材、加工各种类型的建筑构件，雕琢大型的室外艺术品等，应用广泛。

此外，闪长岩里还常常含有一定量的磁铁矿，具有较明显的磁性，所以还会有人错把这种石头的球形风化的原石，当作是天外来客——陨石呢！

073

外滩"市府大楼"
花岗岩墙面

外滩原市府大楼

花岗岩墙面

- 位置：外滩12号
  经度121.4857 纬度31.2381
- 石种：花岗岩，岩浆岩类
- 成因：酸性岩浆侵入地壳深处冷凝形成

• 全国重点文物保护单位标志牌，建筑为质地均匀的全晶质花岗岩

解读：

上海外滩的许多老建筑，都是用的花岗岩石材，有的制作成规则的表面凹凸的条石，有的经过仔细雕琢成平整的表面，也有的雕刻成圆柱或带有造型的异型石材。

这些花岗岩经过百年的风雨，表面大多经过了生物及化学和物理风化作用的侵蚀，留下了岁月沧桑的痕迹；有的则经过一定程度的整修，仔细观察可以见到不少填补、粘贴的细小“疤痕”。也有一些局部相对看起来较为新鲜的石材，是经过了后期的更换。

徜徉在这宏伟古朴的老街上，仔细观察，还可以看到这些花岗岩有着结晶粗细的差异、颜色深浅的不同。具体到某一块石材上，甚至可以清晰地分辨出组成花岗岩的典型矿物成分：浅肉红色的长石、白或灰白色微透明的石英，在阳光下闪闪发亮的云母。

074

仁济医院

“仁术济世”石

浦东仁济医院正门口刻有“仁术济世”的灵壁石

“仁术济世”石

- 位置：浦东新区浦建路160号仁济医院
  经度121.5225 纬度31.2080
- 尺寸：长800厘米，高220厘米，厚100厘米
- 石种：灵壁石，沉积岩类
- 成因：海洋碳酸盐（碳酸钙、镁等）沉积物形成的石灰岩、白云岩，后经岩溶作用成为观赏石

具刀砍状溶蚀沟槽的灰质白云岩

该石背面可见碱性生成的硅质结核

解读：

产于安徽灵璧县的观赏石称为灵璧石。因其产出的地层从新古生代（8 亿年前）到中生代早期（2 亿年前），在不同的环境条件形成了众多类型的岩石。其中，在温湿期陆地酸性水体注入多，滨—浅海水深较大、水体偏酸性，利于碳酸钙（方解石）沉积；在干热期陆地水体注入少，且蒸发量大，滨—浅海水体变浅、水体偏碱性，利于镁置换钙形成碳酸钙镁（白云石）和二氧化硅（硅质条带与结核）沉积。通常水体较深的浅海处于偏还原环境，沉积岩呈深灰—灰白色；水体较浅的滨—浅海处于偏氧化环境，沉积岩呈土黄—褐红色。

本件灵璧石呈土黄—浅褐红色、具富白云石岩石特有的刀砍状构造（溶蚀沟槽），还含有硅质结核，显然是在气候干热期沉积的产物，在氧化环境中渗入岩层中的水体吸收岩层中的铁质形成含氧化铁的水体，沿裂隙浸染岩石，从而呈现黄—红色调。

馆藏篇

(075~100)

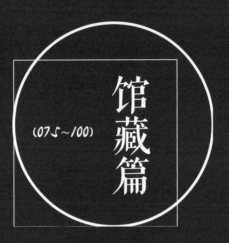

075
上海博物馆
八尊石兽石

上海博物馆正门右侧四尊石兽

八尊石兽石

- 位置：黄浦区人民大道201号，上海博物馆正门前
  经度121.4712 纬度31.2299
- 尺寸：每件高约200厘米
- 石种：汉白玉，变质岩类
- 成因：碳酸盐岩变质形成

解读：

1、原在海、湖中沉积的碳酸盐物质形成的石灰岩、白云质灰岩、灰质白云岩、白云岩等碳酸盐岩。经区域性的地壳沉降或因高温岩浆的侵入带来的热量，促使隐晶—微晶质结构的原岩变质为细—粗粒变晶结构的变质岩。此类变质岩主要由方解石（$Ca[CO_3]$）、白云石（$CaMg[CO_3]$）组成，有的还含有其他变质矿物，统称为大理岩，因盛产于云南大理而得名。其中变质程度最深、排出了其他所有杂质、纯由方解石组成的细

上海博物馆正门左侧四尊石兽

粒大理岩极品，才称为“汉白玉”。因从汉代起就被大量使用，又因洁白无瑕，故名之。

2、汉白玉为全晶质镶嵌结构，质地致密细腻、硬度适中、易于雕刻，具一尘不染、庄严肃穆之美感，多用于高端建筑或雕刻。天安门前的华表及金水桥，皇宫大殿的基座、石阶及护栏，古希腊、古罗马的雕塑都大量选用汉白玉作为雕刻材料。

3、八神兽是上海博物馆原馆长马承源先生从数百件馆藏汉唐石刻中精选出来的，请著名雕塑家陈古魁先生放大做成模样，然后由雕塑之乡河北曲阳的石匠，依样打制成巨型汉白玉石兽。这是文物的古为今用、古董复活。八尊巨型汉白玉仿汉唐石兽中，六尊为狮子，两尊为辟邪（貔貅），分别为：（1）赑屃（bì xì），是常说的“王八驮石碑”中的驮碑神兽；（2）鸱吻（chī wěn），能吞万物，负责看护房屋建筑横脊，是常见于屋顶两边的大神兽；（3）椒图（jiāo tú），面目狰狞，负责看守门户，是常看到的门上衔铁环的神兽；（4）麒麟（qí lín），不畏火焰，被用作避火神兽，是常放在重要建筑门前的神兽；（5）睚眦（yā zì），能吞兵器，负责看护天下兵器，是常置于宝剑手柄末端的神兽；（6）螭首（lí shǒu），能吞江吐雨，负责排去雨水，是通常所说的排水神兽；（7）嘲风（cháo fèng），能飞檐走壁，负责警卫工作，是常见于屋顶翘角上的小神兽；（8）蒲牢（pǔ láo），声音洪亮能传千里，负责报时，是常铸于金属大钟顶上的神兽钮。

076
金山区博物馆
李泽冈环石

李泽冈环石正面

李泽冈环石

- 位置：金山区金山大道1800号，金山区博物馆
  经度121.3487 纬度30.7445
- 尺寸：长40厘米，高30厘米，厚40厘米
- 石种：具李泽冈环的凝灰岩，沉积岩类
- 成因：风化侵蚀—沉淀作用在岩块内部留下同心球形分布的痕迹，称为风化轮。因德国化学家（Raphael Eduard Liesegang）最早发现和研究这类现象，从而以他的姓氏命名这种风化轮，称之为李泽冈环。

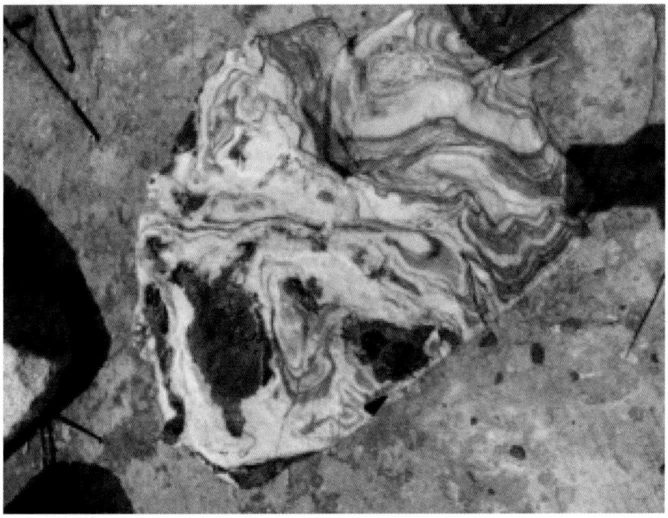

李泽冈环石反面

解读:

1、凝灰岩是由粒径小于 2 毫米的火山灰堆积而成，热火山灰在冷凝固结过程中，会产生三组互相垂直的收缩裂隙（节理）。凝灰岩遇水后，水体由外向里渗透，并溶蚀岩石中的铁、锰质，推进一段后达过饱和时，再形成一圈沉淀。如此，不断向里渗透就形成了多个圈层。这是风化淋滤作用留下的印迹，故称风化轮，英文名Liesegang banding(李泽冈环)。这块藏石因有典型的李泽冈环定名李泽冈环石。

2、本石是产于大金山岛的凝灰岩（经度121.4272，纬度30.6902），大金山岛的主体由上侏罗纪时形成的火山岩系组成。

077
古猗园
模树石

褐色者为铁锰质浸染

有阶梯状微阶步

模树石

- 位置：嘉定区南翔镇沪宜公路218号古猗园内
  经度121.3102 纬度31.2936
- 尺寸：高98厘米，宽75厘米，厚60厘米
- 石种：石英砂岩，沉积岩类
- 成因：含铁锰质的地下水在石英砂岩中的沉淀物

解读：

模树石不是化石。所谓“模树”是一种铁锰质氧化物的树枝状化学沉积，常见于岩石层面或裂隙面上。

此石为石英砂岩，剪切错动面有微阶步，铁锰沿裂隙渗入，从主枝发散状分枝，锰的氧化物黑色结晶。

078
上海观止矿晶博物馆
雷击石

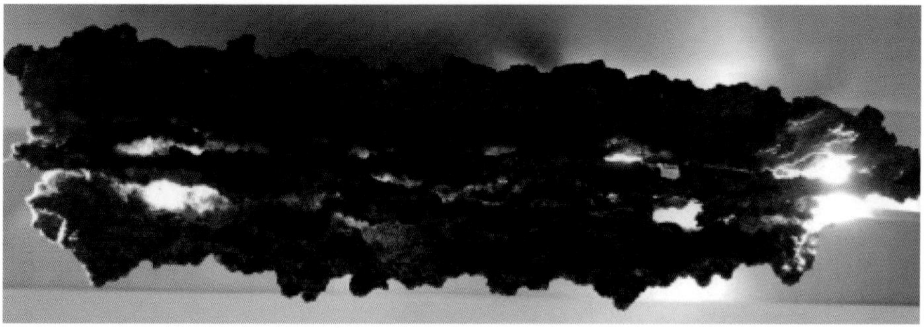

雷击石

- 位置：闵行先锋街66号，上海观止矿晶博物馆
  经度121.3687 纬度31.1789
- 尺寸：长23.2厘米，高6.7厘米，厚5.8厘米
- 石种：闪电熔岩
- 成因：雷电带来的能量促使被击物质熔融后快速成岩

解读：

1、雷击石存世量十分稀有，每年全国直击地面的落地雷会有千万次，可是形成雷击石的确不多，比陨石更少见，十分珍贵，有极高的收藏价值和科研价值。其之所以罕见，是因形成条件极为苛刻。（1）要有蓄积强大能量的落地雷；（2）被雷电击中的物质要有积蓄能量的条件；（3）被击物中有充足的可熔物；（4）物质熔融后有迅速冷却的条件。强大能量的雷击能形成不同形状与性状的雷击石。此外，形成的雷击石多在深山与旷野，很难被人发现。即使发现了，由于不认识不以为然，错过了收藏的时机。

2、雷击石多呈管状或棍形集合体，深灰颜色，比重较轻。本件产自撒哈拉沙漠，雷击特征明显，超高强电流通过时使中心部物质气化形成空洞，空洞周壁的熔融体瞬间固结成透明玻璃，最外层可见放电棱脊及熔融残留沙粒。

079 上海自然博物馆 长兴岛陨石

长兴岛陨石1，重20公斤。上面是气印，正面是进入大气层后的爆炸面，通体熔壳明显

长兴岛陨石

- 位置：经度121.6666 纬度31.3333（陨落位置）
- 大小：两件总重26.9公斤，大的20公斤、小的6.9公斤
- 石种：石陨石，俗称天外来客
- 成因：宇宙尘埃在万有引力作用下最先聚集成球状小颗粒，小颗粒再聚集成大颗粒，有些比地球还大。一些没有长很大，或是长大了又碰撞碎了，这些小块飞到其他天体就成了陨石。

长兴岛陨石2，重6.9公斤。正面是人为切割面，左侧可见气印

解读：

1、什么是陨石？陨石是从宇宙空间坠落到星球上的天然固体岩石块。

2、陨石的分类，可分为石陨石、铁陨石、石铁陨石三大类。

3、本件陨石特征，该陨石为石陨石。其中发现矿物14种，主要是贵橄榄石、古铜辉石、铁纹石和陨硫铁矿。陨石表面包裹着一层黑色熔壳，气印和流纹十分明显。

（背景资料）1966年夏坠落于崇明县长兴岛前卫农场北部江边，上海自然博物馆接到水文大队报告后，派化石修复工人张福根第二天匆忙赶到现场找回了这两块标本。当地一个目击居民把张带到了一个牛棚，看到陨石不仅砸穿了牛棚，还将牛棚下的地面砸出了一个直径半米深的大坑，坑周围的泥土都呈焦黑状。当时对陨石研究并不重视，博物馆也没有陨石研究人员，没有详细收集陨落时的现场证据，包括陨落时间等很多资料数据都已成为永远的遗憾。27年后的1993年上海自然博物馆组织人员对此陨石开展了科学研究，获得了一批科研成果。

080

上海观止矿晶博物馆

最古老的岩石

加拿大阿卡斯塔混合岩化片麻岩

最古老的岩石

- 位置：闵行先锋街66号，上海观止矿晶博物馆
  经度121.3687 纬度31.1789
- 尺寸：长5.3厘米，高3.2厘米，厚2.3厘米
- 石种：混合岩化片麻岩，变质岩类
- 成因：地表形成的沉积岩、岩浆岩等，随埋深的加大，温度、压力升高，再加上遭遇岩浆活动或板块间相互作用引发的褶皱、断裂等变动，原岩层会逐渐发生变质作用。原岩的特征在变质过程中会逐渐消失，形成了具有新面貌的变质岩：板岩、千枚岩、片岩、片麻岩、混合岩等。地质年龄越大的岩层，变质程度就越深。

解读：

1、地球形成初期，45 亿年前，现地球轨道附近，无数的小行星互相撞击拼合，使原始地球逐渐增大。动能转变成的热能使原始地球熔透，形成了岩浆海，经重力分异，重的铁镍下沉到地心形成了地核；轻的上浮到上部，冷凝后成为固态的地壳、地幔。科学家研究认为，固态地壳上最原始的岩石类型是斜长岩。经过 4 亿～ 5 亿年的演变，原始的斜长岩变质成为具片麻状构造及局部有花岗质熔融体的混合岩化片麻岩。

2、本件产于加拿大阿卡斯塔河靠近北极圈的一座无名小岛上，获取极难，只能乘坐水上直升机前往，终年极端低温。2018 年，美国丁文夫教授赠予上海观止矿晶博物馆馆长周易杉先生。

3、阿卡斯塔片麻岩中含有锆石矿物，锆石中的 U238 的半衰期是 45 亿年（就是有 2 公斤的铀 238 经过 45 亿年后只剩一公斤，另一半就衰变为铅 206 了），据此科学家精确地测出阿卡斯塔片麻岩的锆石内铀 238 与铅 206 的含量，于是测算出阿卡斯塔片麻岩的年龄是 40 亿年。

081
上海观止矿晶博物馆
菱锰矿

红纹石——菱锰矿玉

解读:

1、本件红纹石来自阿根廷，在阿根廷贵为国石。因有同心圈层状红白相间的纹饰，又因质地致密细腻如玉，故称红纹石玉。原石呈钟乳石状，横断面具圈层状纹饰，颜色亮丽，表面光滑具蜡状光泽，是隐晶—微晶碳酸锰物质（菱锰矿）的集合体。

菱锰矿的大晶体产于热液矿脉的晶洞中，晶体属三方晶系，菱面体晶形，呈玫瑰红、粉红、浅褐黄色，具玻璃光泽，摩氏硬度 3.5 ～ 4，比

菱锰矿原石

- 位置：闵行先锋街66号，上海观止矿晶博物馆
  经度121.3687 纬度31.1789
- 尺寸：长25厘米，直径8厘米
- 石种：菱锰矿，碳酸盐类矿物
- 成因：富锰碳酸盐岩地层形成后，水体沿岩层中的裂隙和孔洞发生岩溶作用，在较大的溶洞中就有通常石灰岩溶洞中见到的石钟乳、石笋、石幔等，成分都是碳酸钙；本件也是溶洞里的石钟乳，只是成分为碳酸锰——菱锰矿 $Mn[CO_3]$。

重 3.6 ～ 3.7，滴稀盐酸会起泡，风化后色变黑。

2、许多国家有菱锰矿产出，除阿根廷外，美国科罗拉多州的“甜蜜之家（The Sweet Home Mine）”，以出产高品质的红纹石而闻名于世；美国和秘鲁的菱锰矿，晶体粗大，颜色浓郁，多与水晶共生；南非产的菱锰矿晶体叠加簇拥在一起，呈圆形或是椭圆形非常漂亮；我国贵州、广西、湖南和东北也有产出，其中最著名的是中国广西壮族自治区梧州市产出的菱锰矿晶簇，2009 年同时被发现的“中国皇帝”和“中国皇后”造型如一朵红玫瑰，美丽动人，“中国皇帝”达 22 厘米，“皇后”体积略小。

082
上海观止矿晶博物馆
自然铜“凤凰”

形似凤凰的自然铜

自然铜“凤凰”

• 位置：闵行先锋街66号，上海观止矿晶博物馆
经度121.3687 纬度31.1789

• 尺寸：长33厘米，高16厘米，厚10厘米

• 石种：自然金属类矿物

• 成因：分两类：1、与火山作用有关，岩浆作用后期从岩浆中分异出来的富铜热液或热液进入富铜岩层沿途吸收铜离子变成的富铜热液，充填玄武岩气孔中逐渐结晶形成自然铜；2、含铜硫化物矿物在氧化带中被分解，铜离子随地下水下渗到还原环境后产生自然铜结晶。

“凤凰”头部还带一颗绿眼睛，这是铜经风化成了孔雀石(碳酸铜)，有画龙点睛之感。

解读：

1、自然铜是主要由铜元素单质组成的矿物，属自然元素大类，自然金属类矿物。有时局部晶格中有金、银替代铜。呈等轴晶系，立方体晶形，通常呈块状、树枝状，不规则粒状、片状集合体，易氧化，硬度低，比重大，具强延展，断口锯齿状，导电导热强，主要产于美国、俄罗斯、中国。

2、这是一件来自俄罗斯的自然铜，目前在上海观止矿晶博物馆科普厅展出。完全天然，呈树枝状平行连生，像极了一只展翅翱翔的凤凰。

3、“箫韶九成，凤凰来仪”语出《尚书》，说是演奏舜帝的韶乐时，音乐美妙，把凤凰也引来了。凤凰是传说中的百鸟之王。雄的叫“凤”，雌的叫“凰”。象征瑞祥，与龙同为汉族图腾，是中国文化的主要元素，中国最古老的凤凰图案已有7400年历史（高庙文化），北京奥运会火炬也以凤凰造型。中国成语多个和凤凰相关，凤凰来仪、百鸟朝凤、凤毛麟角、凤求凰，都表达吉祥、爱情与高贵。西方也有凤凰文化，美国一个省会就叫凤凰城（Phoenix），其寓意重生、完美、爱情，总之寓意皆美。幸得天物，据此命名。

083
上海观止矿晶博物馆
纳米碳石

凝胶体的球状外形，具固结失水造成的收缩裂隙

解读:

1、胶体溶液是粒径为 1 ～ 100 纳米的微粒悬浮于水中构成的溶液。因微粒具较大的吸附能力，当微粒互相吸附后总量大于浮力时就会沉淀，形成凝胶体。其外形大多呈椭球状。凝胶体是分子粒级的堆积，内部的离子、原子无有序排列，故是非晶质的。

2、本件是由上海市矿物化石研究会牵头，在广西壮族自治区七百弄地区的深山里新发现的神秘矿石和宝石。据化学成分检测是碳含量达 90% 的自

纳米碳石

• 位置：闵行先锋街66号，上海观止矿晶博物馆
经度121.3687 纬度31.1789
• 尺寸：长19厘米，高11厘米，厚9厘米
• 石种：自然碳，自然非金属类矿物
• 成因：岩浆岩结晶后期从岩浆体分异出来的高温气液沿上覆岩层中的裂隙，途经碳酸盐岩地层下方的煤层，吸收了大量碳分子形成富碳的胶体溶液，随热液继续上涌进入有岩溶造成的较大孔洞和裂隙中，当达瓶颈部位时热液受阻。富碳胶体溶液滞留，致使碳分子达过饱和，而产生碳质凝胶体沉淀，固结后成为纳米碳石。

然碳，看似像煤，但致密细腻、具韧性，不污手，在电弧枪的灼烧下不燃也不熔。再经电子显微镜探测，发现是由 2 ～ 3 纳米的碳分子凝聚而成的非晶质集合体。应是继金刚石、石墨和线性碳之后被发现的第四种碳元素的同质多像变体——非晶质的纳米碳。

3、鉴于纳米碳具有的独特结构和物理化学性质，已对化学、物理、材料等学科产生了深远的影响，在应用方面也已显示出许多诱人的前景。随着研究的不断深入，纳米碳将给人类带来巨大的财富。

084
上海观止矿晶博物馆
“探戈”石

溶洞中沉积形成的观赏石

"探戈"石

• 位置：闵行先锋街66号，上海观止矿晶博物馆
　　　　经度121.3687 纬度31.1789
• 尺寸：长25厘米，高45厘米，宽12厘米
• 石种：溶洞结核，沉积岩类
• 成因：碳酸盐岩溶洞上部生长的石钟乳、石幔等因多种因素造成的垮塌碎块，坠落洞底水中，再经流水的冲蚀和后续的再生凝聚，多呈姜形或随形。

解读：

1、碳酸盐岩易被酸性水体沿层面、节理或裂隙进行溶蚀，形成多孔洞、溶沟、石林等岩溶地貌，又称喀斯特地貌，其中溶洞是最具代表性的。既有侵蚀成因的，也有沉积成因的。通常在石灰岩溶洞中形成的堆积物称为洞穴沉积物，是由洞穴中重力堆积的角砾、地下水机械沉积的泥沙和化学沉积的石钟乳、石笋、石柱、石帘、石幔等，以及洞穴崩坍沉积等。

2、石钟乳等是石灰岩洞穴中常见的沉积物，是由石灰岩裂隙中渗出的富碳酸钙胶体溶液，在出口处由里向外和向下的同心层状沉淀生成石钟乳，滴到洞底的则由里向外和向上沉积形成石笋。

3、本件产自广西，是在溶洞顶部的石钟乳，垮塌后的碎块坠落洞底水中，再生凝聚固结成现跳探戈舞外形的疊状结核。探戈舞为大众熟知，两人紧贴，肢体缠绕，礼服长裙，华丽高雅、热烈狂放，好似搏杀。本件出此双人探戈舞造型实属天地造化，万分难得。

085
上海观止矿晶博物馆
申深石

钻孔的岩芯——申深石

申深石

- 位置：闵行先锋街66号，上海观止矿晶博物馆
  经度121.3687 纬度31.1789
- 尺寸：左长16厘米，直径7厘米；右高17厘米，直径10厘米
- 石种：左，辉绿岩，岩浆岩类；右，含砾凝灰质粉砂岩，沉积岩类
- 成因：辉绿岩是富铁镁钙、贫钾钠铝硅的基性岩浆侵入到接近地表的浅部冷凝的细粒结构岩浆岩。含砾凝灰质粉砂岩是碎屑物来自火山碎屑岩分布区的沉积粉砂岩

解读：

本件是2004年5月6日，青浦区华新镇地热勘探4号井，在3013.45米深度的寒武系地层，钻得辉绿岩岩芯（见上图左）。辉绿岩是一种浅成的基性侵入岩。主要成分为基性斜长石、辉石，其次为角闪石，辉绿结构，致密、坚硬，性脆。

同孔在1312米深度，采得侏罗系棕红色含砾凝灰质粉砂岩岩芯（见上图）：粉砂质结构（碎屑物粒径以0.1～0.01毫米为主），泥质胶结，较致密，偶见砾石，成分杂，为灰黑色泥岩，灰白色中砂岩，磨圆度差，次棱角状。上述岩芯是沪申最深的岩石，以“申深石”命名。

086
上海观止矿晶博物馆
一线天

产自广西红水河的观赏石——一线天

一线天

- 位置：闵行先锋街66号，上海观止矿晶博物馆
  经度121.3687 纬度31.1789
- 尺寸：长33厘米，高26厘米，厚16厘米
- 石种：粉砂岩—泥岩—石灰岩系列与裂隙构造组合，沉积岩类
- 成因：海陆过渡的河口环境中接受砂泥碎屑沉积；在浅海清水环境中接受碳酸钙化学沉积。在海进与海退过程中就形成了不同岩石系列的组合

解读：

1、景观石下部是海陆过渡的河口环境中沙、泥沉积的浅褐黄色粉砂岩—泥质粉砂岩—粉砂质泥岩—泥岩组合；中部是浅海清水环境中碳酸钙沉积的浅灰色—深灰色石灰岩；下部→中部是海进过程的沉积系列。上部是石灰岩与泥岩的薄互层沉积组合；中部→上部是逐渐海退过程的沉积系列。

2、岩层形成后受附近相邻板块的碰撞挤压作用的影响下岩层褶皱抬升露出地表，并产生多组节理及一线天处的断层；露出地表后地表水沿节理与断层对岩层侵蚀、裂隙扩大，致使岩块从岩层中脱落，成为现今的景观石。

3、本石产自广西红水河，通过对景观石中岩石系列的观察分析，可感知广西红水河地区曾经发生过的沧海桑田的故事。

087

上海观止矿晶博物馆

紫水晶沸石

紫色为紫水晶，白色为沸石

解读：

1、形成紫水晶的玄武岩空洞环境须具备两个条件：（1）氧化环境，使来自深处还原环境的二价铁离子转变为三价铁离子；（2）周围玄武岩中有放射性辐射，使大半径的三价铁离子能进入石英晶格替代小半径的四价硅离子。三价铁离子在石英晶格中的存在是无色石英出现紫色的原因。

2、沸石与紫水晶形成于相同岩浆活动的热液作用阶段，是共生关系。

紫水晶沸石

- 位置：闵行先锋街66号，上海观止矿晶博物馆
  经度121.3687 纬度31.1789
- 尺寸：长74厘米，高41厘米，厚34厘米
- 石种：紫水晶叠加沸石，矿晶类
- 成因：玄武岩下岩浆体分异出来的热液，进入玄武岩后，沿途溶蚀与吸收了斜长石中的成分，在玄武岩孔洞中聚集的热液中二氧化硅未达过饱和，于是先与钙钠结合结晶出白色钙钠沸石。钙钠离子用完后，残余热液中二氧化硅相对富集，达饱和后结晶石英(水晶)，并包裹了部分白色沸石。此后又有热液进入，上述过程重复，白色沸石就叠加于前期紫水晶上，残余热液的二氧化硅则围绕已结晶的小紫晶再生加大。

只是沸石的形成对二氧化硅的浓度要求比水晶低。所以，起初热液中二氧化硅少时就生成沸石，后来二氧化硅过饱和时就生成水晶；沸石成了包裹体；如此循环多次就生成了多层沸石包裹体。多次紫晶再生加大，构成了万山红遍、百鸟齐飞的艺术妙境。

3、本件产于巴西，是一个紫晶洞中最美的一部分。既有美感享受，更富科学内涵，是难得的精品。

088
上海观止矿晶博物馆
钛晶球

透明的水晶包裹纤维状金红石

钛晶球

- 位置：闵行先锋街66号，上海观止矿晶博物馆
  经度121.3687 纬度31.1789
- 尺寸：直径18厘米
- 石种：含金红石包体水晶，矿晶类
- 成因：大的水晶形成于：酸性岩浆作用后期的残余岩浆进入封闭裂隙，缓慢冷凝结晶形成的花岗伟晶岩脉中；或岩浆作用后期的热液进入富二氧化硅的岩层，沿途吸收大量二氧化硅物质，达过饱和时在岩层中有较大空间的裂隙或空洞中沉淀结晶形成的热液脉中。

解读：

1、水晶是二氧化硅（SiO_2）的无色或有色晶体的宝石学名称，其矿物学名为石英。晶体属三方晶系，呈六方柱、顶上加三方锥的晶形；纯二氧化硅晶体是无色透明的，当含微量致色元素Al、Fe等或含有色包体时，可呈红、紫、黄、绿、褐等色调，具玻璃光泽，透明至半透明，摩氏硬度7，性脆，无解理。当内含包体时有多种名称，如：发晶、绿幽灵、红兔毛等，内包物依次为金红石、绿泥石、赤铁矿。

2、本件水晶球来自世界著名的水晶产地巴西，该区所产水晶质优量大，产量、储量、出口量均占全球一半以上。其内包物为钛矿物——金红石，呈金黄色，结晶形态独特，曾是中国收藏的最大钛晶水晶球。

089
上海观止矿晶博物馆
回归古石“锁云”

从日本回归的“锁云”

锁云（飞猿）

• 位置：闵行先锋街66号，上海观止矿晶博物馆
经度121.3687 纬度31.1789
• 尺寸：长25厘米，高20.5厘米，厚7.5厘米
• 石种：灵璧石，沉积岩类
• 成因：古生代早期海洋中沉积的含燧石条带灰岩，露出地表后遭风化侵蚀作用的产物。

解读：

20世纪60年代初，日本律师、赏石家佐藤观石（Sato kanseki）先生在东京一家古董店看到此石，他认为这是一件中国宝物，应当归还中国，于是他购下，其后为了寻找到可信的传承人，他来了中国19趟，最后在2002年8月2日于东京弥生会馆赠与现主人，次日便回归祖国。这是有报道的首件回归名石。

此石产自安徽省灵璧县，状似环云披锁，原主人米万钟取名“锁云”；因似古猿飞跃，佐藤先生又命之“飞猿”。据清朝书籍记载，该石系米芾后裔、明朝进士米万钟之遗爱，且是万钟最爱五石之一，形状、尺寸皆符（见《石语》2006.5P.8）。石背刻有“锁云”两字，落款为“万历丁酉春三月藏石米仲诏”，阳篆为“友石”（万钟之号）。

“锁云”曾在日本屡获金奖，曾被中美日各国媒体无数次报道，也是CCTV国宝档案迄今唯一播出的观赏石。

090
上海观止矿晶博物馆
“傲霜”

名为“傲霜”的观赏石

傲霜

• 位置：闵行先锋街66号，上海观止矿晶博物馆
　　　　经度121.3687 纬度31.1789
• 尺寸：高63厘米，宽43厘米，厚14厘米
• 石种：菊花石，变质岩类
• 成因：晚古生代时期滨海环境中生成的碳酸盐—硫酸盐与泥质沉积物，成岩后成为含天青石（硫酸锶矿物）放射状集合体的泥灰岩。后经两亿多年来地壳变动引起的各种地质作用，天青石经再生加大后又被方解石所替代，变成现见的方解石花朵；泥灰岩基质也变成了灰色致密的角岩，整体是经热变质的方解石角岩。

解读：

1、本件产地湖南省浏阳，在2.5亿年前的晚古生代时期是海洋。海水有进有退，当时正值海退期时，又遇干旱炎热气候，海水不断蒸发，硫酸锶盐浓度达过饱和时便围绕二氧化硅椭球—球形团块（先从海水中凝聚沉积的）形成硫酸锶晶体——天青石（$Sr[SO_4]$ 的放射状集合体。同时，海水中的碳酸钙和泥质也沉积下来，固结成岩后成为含天青石泥灰岩。经过两亿年的演变，“花朵”核心的二氧化硅椭球—球形团块变成了燧石；天青石的放射状集合体在热力作用下发生过再生加大，后又被方解石替代，但保留了天青石的斜方柱状晶形；泥灰岩变成了致密的角岩，最终形成了今天的菊花石。

2、2005年2月17日，三井夫妇亲手将此石转让给周易杉夫妇，次月5日送回祖国。2006年5月在上海名家藏石邀请展上首次在国内公开亮相。

为查清传承脉络，周易杉多次探访佐藤观石、森晶、关根敏司、笠原学及前主人三井忠司等日本石界名家，三井夫妇告知，1960年前后三井总裁拟建水石博物馆，出巨资3500万日元（约合当时工人一年工资300日元）买下此石留作镇馆。该石前主人为东京上野伊藤家族，经查已无后人，难得更多史料。1985年森晶主编出版的《传承石》及2001年上海陈瑞枫俞莹主编的《中华古奇石》等名著皆有收录。收回此石当谢原日本水石协会笠原学会长之斡旋与亲笔介绍信。

此石包装箱为三层，层层有“箱书”。外箱木刻：“阮元旧藏十二品之一菊华石宝一基”，中箱书是关于阮元的考证和昔时名人观赏感言，内箱书为现主人命名题写“傲霜”。石有菊三十二朵，背有清三代宰相、体仁阁大学士阮元等三位名人题刻。刻字抑或后加，但其包浆厚亮，古铜色泽，加工技法之古拙微妙与包装配座之庄重典雅，尤其名人名石传承回归历史佳话，石界唯此一件。其古老、稀有、高贵，常令人感动不已。

091
上海观止矿晶博物馆
斑彩螺

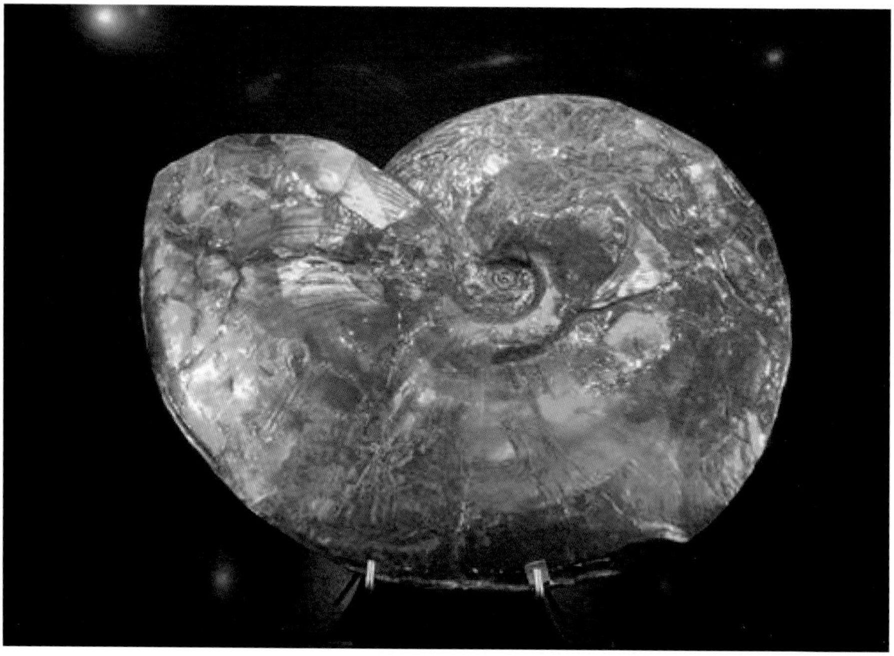

产自加拿大的斑彩螺化石

解读：

菊石，软体动物门头足纲的一个亚纲，是已绝灭的海生无脊椎动物，生存于中奥陶世至晚白垩世。菊石壳以碳酸钙为主要成分，壳体以胎壳为中心在一个平面内旋卷，少数壳体呈直壳、螺卷或其他不规则形状。菊石在生长过程中周期性地由外套膜分泌出隔壁，因此壳体可以分为两部分：动物体栖居而没有隔壁的部分，称为住室；具有一系列隔壁的部分是气壳，被相邻两个隔壁所分隔的空间叫作气室；隔壁与壳壁的接触

斑彩螺

- 位置：闵行先锋街66号，上海观止矿晶博物馆
  经度121.3687 纬度31.1789
- 尺寸：最大直径53厘米
- 石种：化石
- 产地：加拿大
- 年代：距今约6600万年
- 成因：菊石埋葬后石化形成

线叫作缝合线；每一个隔壁有一个圆形隔壁孔，为体管所在位置，通常位于腹部边缘，少数在背部或近中心位置。

菊石是现生乌贼和章鱼的祖先，见证了海陆变迁历史。喜马拉雅山顶发现的菊石化石，证明了远古时那里曾是汪洋大海。

本件菊石因表面五彩斑斓，所以被称作斑彩螺，产自加拿大——世界上唯一能开采到宝石级斑彩螺的国家。此件标本最大直径 53 厘米，它的颜色比欧泊变化更丰富，比拉长石晕彩更鲜艳。这种化石即使一小块都能成为珠宝设计师的最爱。具有变彩效应的菊石有以下四个特点：1、化石经压实，壳体呈扁饼状；2、原生文石质壳层保存完整，表面色浅、光滑、致密，细腻者变彩效应最佳；3、壳面肋部宽处比窄处变彩明显，肋间浅平时才有变彩出现，肋间深凹时没有变彩效应；4、在破碎的壳体中原生文石质表层较平整连续的面积大者比面积小者变彩效果好。

092
上海观止矿晶博物馆
弓鳍鱼

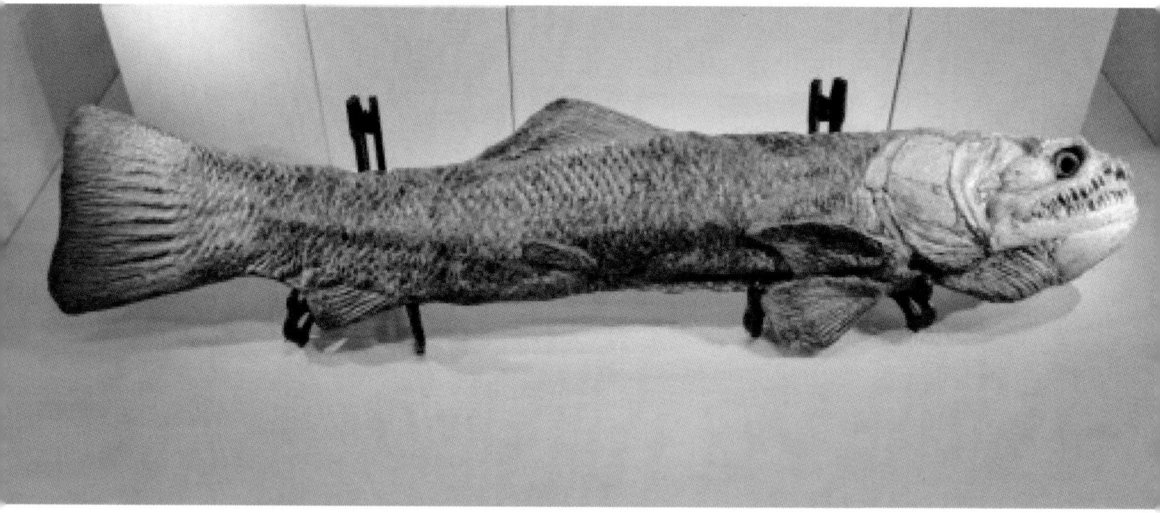

弓鳍鱼化石

解读：

弓鳍鱼，为全骨下纲弓鳍鱼目弓鳍鱼科弓鳍鱼属，是弓鳍鱼目弓鳍鱼科现存的唯一代表，也是唯一与著名的雀鳝有亲缘关系的物种。最早发现于侏罗纪，繁盛于侏罗纪和白垩纪，现仅存弓鳍鱼一种，生活在北美的密西西比河和五大湖水流缓慢的河川等淡水水域里，被称为“活化石”。

雌性弓鳍鱼一般体长 30 ～ 60 厘米，最大可达 90 厘米，雄鱼略小；体圆筒形，体色绿褐斑驳，具长的背鳍和强锥形牙，鳞很硬，呈圆形，尾微歪，最大特点是有一具橙色环的黑色尾斑。

弓鳍鱼常栖息于水草丛生的水域，栖息环境多为清澈、滞静、富含

弓鳍鱼（Calamopleurus cylindricus）

- 位置：闵行先锋街66号，上海观止矿晶博物馆
  经度121.3687 纬度31.1789
- 石种：化石
- 尺寸：长80厘米，高16厘米
- 产地：巴西
- 成因：弓鳍鱼菊石埋葬后石化形成

植物的低地淡水；耐高温，缺氧时可在水面吞咽空气，甚至可以夏眠。弓鳍鱼为肉食性鱼类，牙齿粗壮而锐利，是贪婪的捕食者，主要以鱼类、虾蟹和软体动物、蛙类为食，幼鱼摄食水生无脊椎动物。作为较古老的淡水鱼，依然保留有不完全的拥有肺功能的鳔袋等原始特征。鳔分成许多小室，虽不能完全替代肺的功能，但作为似肺的辅助呼吸器，在弓鳍鱼水中缺氧或离水时，能借助鳔的作用从空气中吸收氧气。

这件来自巴西的弓鳍鱼化石保存得相当完整，“弓鳍”是因其背鳍呈弯弓形而得名，和我国产的师氏弓鳍鱼属于一类。

093

上海观止矿晶博物馆

琥珀水胆蜥蜴

琥珀水胆蜥蜴

- 位置：闵行先锋街66号，上海观止矿晶博物馆
  经度121.3687 纬度31.1789
- 尺寸：长5.1厘米，高11.6厘米；蜥蜴长6.8厘米；水胆0.8厘米
- 石种：化石
- 产地：马达加斯加
- 成因：蜥蜴被树脂包裹后石化形成

解读：

1、琥珀是亿万年前的树脂被埋于地下，经过一定的化学变化后形成的一种化石，是一种有机的矿物。形状多种多样，多是不规则块状、颗粒状或多角形，大小不一。表面常保留着当初树脂流动时产生的纹路，内部经常可见气泡及古老昆虫或植物碎屑。内含动物遗骸的琥珀也叫“虫珀”。

2、蜥蜴是虫珀中名气最大的稀有化石类群之一，在琥珀中极为罕见，与青蛙、蝎子并称为“琥珀三宝”。据悉，完整度超过90%的蜥蜴虫珀，全世界发现不超过十件。

3、此枚琥珀产自马达加斯加，最大的亮点是琥珀内有一条完整的蜥蜴，蜥蜴栩栩如生，眼睛、鼻子、鳞片都清晰可见，整体好似奔走状态。尤其是蜥蜴的整个胸腹腔居然含有一颗0.8厘米的大水胆，转动实物，水胆翻转妙不可言。另蜥蜴周围还有几十只蜘蛛、小虫。

094
上海观止矿晶博物馆
狄更逊水母

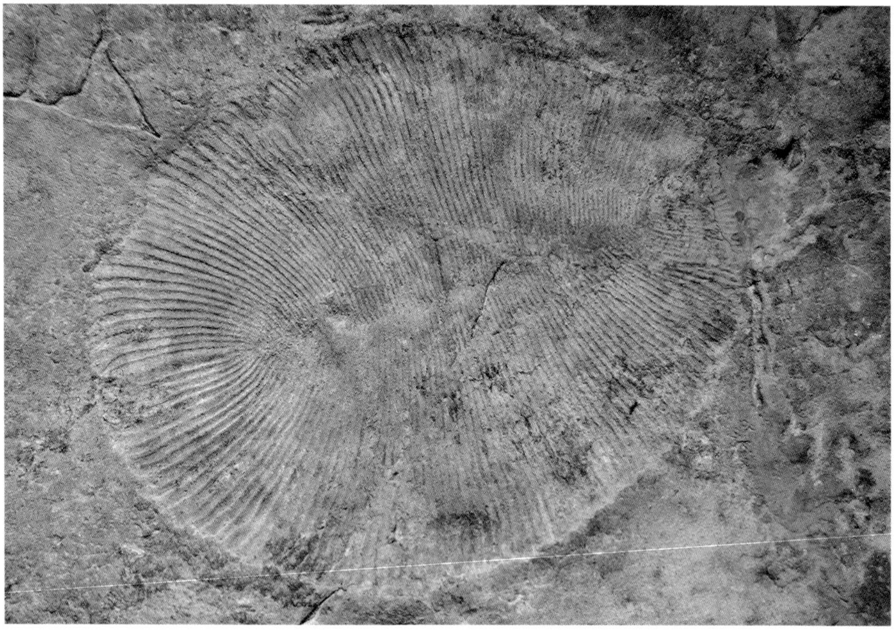

解读：

狄更逊水母是埃迪卡拉生物群中最具代表性的成员，它们形状类似餐盘、浴室垫或者扁平的硬币，由许多肋状节和和一条中央沟或脊组成。这些肋状节互相交错，形成了一个滑翔翼一般的对称图案。狄更逊水母的化石只在砂岩层中以印痕或铸模的形式被发现，体长可达 1 米，但厚度只有几毫米。这件完整的狄更逊水母化石由上海市矿物化石研究会会长周易杉先生收藏，非常珍贵。

埃迪卡拉生物群（Ediacaran Biota）于 20 世纪 40 年代在澳大利亚南部埃迪卡拉山中首次被发现，因而得名。该生物群包含了地球上最早的一批多细胞生物，形状多呈盘状、管状、叶状或袋状。它们生活在

狄更逊水母

- 位置：闵行先锋街66号，上海观止矿晶博物馆
  经度121.3687 纬度31.1789
- 尺寸：长8.5厘米，宽7.5厘米
- 石种：化石
- 年代：埃迪卡拉纪晚期，距今约5.6亿年
- 产地：澳大利亚南部弗林德斯山脉
- 成因：水母埋葬后石化形成

寒武纪之前（距今5.8亿～5.42亿年）的浅海近岸水域中，多数种类不具运动能力。已故德国古生物学家阿道夫·塞拉赫（Adolf Seilacher）在20世纪80年代发现埃迪卡拉生物群的多细胞生物有一些共同特点：身体扁平，由许多个房室相连而成，整个身体就像一张气垫；没有口、肛门及消化系统，是通过表皮来吸收营养、排泄废物的。它们与寒武纪早期（约5.4亿年前）出现的生物没有进化上的联系。塞拉赫为这类神秘生物建立了独立的文德生物总门（Vendozoa）。科学界对于它们究竟是动物、真菌、原生生物、藻类或地衣等一直有很大的争议，甚至有学者认为它们属于已灭绝的一界。不过2018年，研究人员从俄罗斯产的一件狄更逊水母化石中发现了胆固醇痕迹，他们据此认为此类群应该为地球上最古老的动物。科学家依据这些化石的形态，提出了三叶动物门（身体为三辐射对称）、前分节动物门（身体为两侧对称且分节）、花瓣动物门（身体呈叶状或羽毛状，类似海鳃）等已灭绝的动物门类。

想象一下狄更逊水母生活的场景吧：埃迪卡拉纪的海洋生态环境被称作“埃迪卡拉花园”，各种生物栖息在海床上，沐浴阳光、吸收水中氧气和养分，彼此间互不侵犯，一片祥和景象。少数现代动物门类在这一时期亦有化石出土，例如，刺胞动物和脊索动物（多为类似海鞘的化石）等，以及可能属于软体动物的金伯拉虫。

埃迪卡拉生物群在地球气候温暖期出现，在“寒武纪生命大爆发”前的灭绝事件中迅速消失。而它们空出的生态位，则被寒武纪大爆发中辐射演化出的各种生物（包括绝大多数现今动物的祖先）顺利地填入。现存动物的身体构造与寒武纪大爆发中产生的动物化石纪录相符合，而非较早的埃迪卡拉生物。可以认为，埃迪卡拉生物群是一群走进了进化死胡同的生物。

095
上海观止矿晶博物馆
镰甲鱼

镰甲鱼

- 位置：闵行先锋街66号，上海观止矿晶博物馆
  经度121.3687 纬度31.1789
- 尺寸：体长40厘米
- 石种：化石
- 年代：泥盆纪
- 产地：德国
- 成因：镰甲鱼埋葬后石化形成

解读：

泥盆纪距今4亿～3.6亿年，是地球生物界发生巨大变革的时期，最早的脊椎动物——鱼类飞速进化，所以泥盆纪常被称为“鱼类时代”。镰甲鱼就是泥盆纪的代表性鱼类之一。

镰甲鱼属于无颌总纲，是最早、最原始的脊椎动物。支序分类学研究显示，发现于我国云南澄江早寒武纪地层中的海口鱼可能是最原始的无颌鱼类，它的年代已经有5.2亿年，而存活至今的无颌鱼类只有盲鳗和七鳃鳗。镰甲鱼还没有进化出“上巴”和“下巴”，即上下咬合的颌，因此只能靠着一根管状的嘴搅动水底砂石，过滤其中的有机物和氧为生。它们背负着厚重的骨质板，使得整个鱼儿看上去像一只网球拍，这种厚重的甲胄可以用来防御天敌（如巨大的螯肢动物）的攻击。镰甲鱼的两只眼睛长在头部上方，像现代的比目鱼一样，可以将扁平的身体贴着水底游泳。

有颌鱼类的兴起是鱼类演化史上极为重要的事件，颌骨的出现是鱼类新陈代谢最具革命性的创新。颌既是重要的摄食器官，同时也是进攻敌害的有力武器，并且还能发声、吸氧，这些都为有颌鱼类演化，特别是登上陆地奠定了基础。志留纪早期（约4.4亿年前），有颌鱼类已经大量出现了；泥盆纪中期以后更进步的有颌鱼类，如：软骨鱼类、软骨硬鳞鱼类、总鳍鱼及肺鱼等均已得到很大发展。随着有颌鱼类不断繁盛，无颌鱼类占据的水域必然被它们所取代，因此，无颌鱼类最终只能走向没落和灭绝。可见，“上巴”和“下巴”在生物的演化之路上有多重要！

镰甲鱼化石的数量比较多，人们常常能在博物馆里看到它。

096
上海观止矿晶博物馆
贵州龙

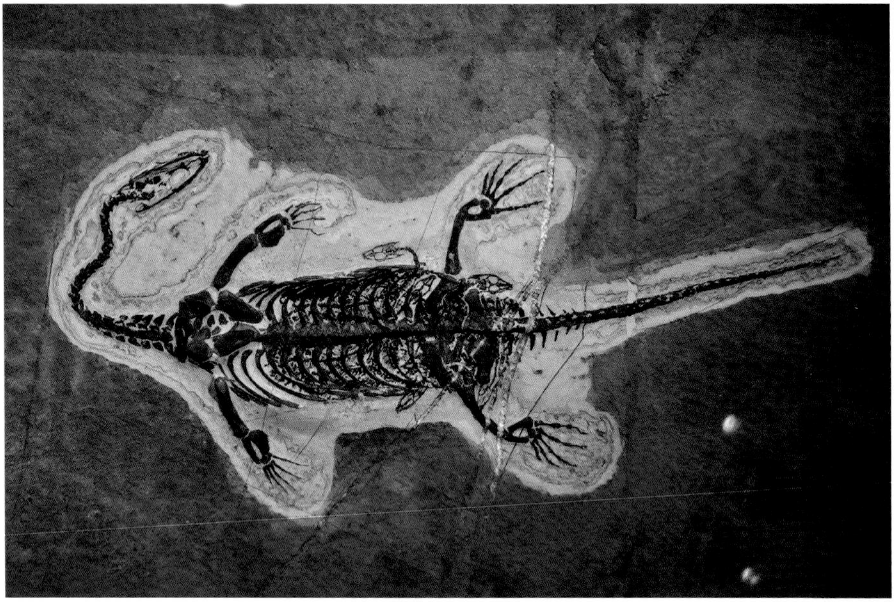

解读：

1、观察贵州龙的整体形态和两栖特征。

2、观察龙妈妈有几个宝宝？

3、观察龙宝宝有几个背朝观众，龙妈妈呢？证据是什么？

4、龙宝宝是在妈妈的腹中还是背后，证据是什么？

贵州龙是地球上最原始的爬行动物，四肢尚未退化成鳍，过着两栖生活。其颈长探出，头近三角形，眼眶大而圆，身体宽扁。贵州龙四肢仍保留趾爪，能像鳄鱼一样匍匐前行，大部分时间生活在水里，宽大的脚掌及细长的尾巴

贵州龙

- 位置：闵行先锋街66号，上海观止矿晶博物馆
  经度121.3687 纬度31.1789
- 尺寸：长19厘米，高9厘米
- 石种：化石
- 年代：三叠纪中期（距今2.4亿～2.3亿年）
- 产地：中国贵州兴义
- 成因：水生动物埋葬后石化形成

很适于在水中游泳，喜欢吃鱼及小型水生动物。贵州龙并不是恐龙，只是恐龙的“远亲”。我国习惯把爬行动物称作“龙”。

本件标本是一条贵州龙妈妈，其背后还有五条龙宝宝，仔细观察，可以看到分别在后肢的两侧及脊椎的附近。为什么知道是在背后？因为龙宝宝的脊椎是被压在龙妈妈的肋骨下面。那龙妈妈是肚子朝向观众还是背朝观众呢？答案：肚子，观察头部可以得出，因为没看到圆圆的大眼眶。同样的方法，龙宝宝的朝向就显而易见了。

关于贵州龙的生殖方式，目前主要的观点认为是“卵胎生”。在卵胎生的动物中，卵是在体内受精，胚胎在卵中发育，所需营养由卵中的卵黄供给，母体与胚胎发生的物质交换只有气体，且母体不把卵直接产出，而是等到幼体发育完成之后直接排出体外。

097
上海观止矿晶博物馆
自然金“女皇”

解读：

金元素不是地球土生土长，而是太阳系的上一代恒星坍塌时形成，后随地球形成初期小天体并互相撞击、拼合熔合而进入地球。地球上的金大致可分为三种：

1、原生晶体：原岩里直接取出，未经风化搬运，纯度高，可见晶体，未受污染；

女皇

• 位置：闵行先锋街66号，上海观止矿晶博物馆

经度121.3687 纬度31.1789

• 尺寸：长28厘米；重1986克

• 石种：自然金，自然金属类矿物

• 成因：岩浆作用后期从岩浆体分异出来的含金富二氧化硅热液进入上覆岩层的裂隙中，先达过饱和的二氧化硅结晶成石英，石英大量结晶后，金原子达到相对过饱和而结晶成自然金。

2、狗头金：风化残留后滚落山坡或河流，经过风化搬运磨圆成鹅卵石，偶尔象形动物；

3、提炼金：工业开采金，当今品相每吨 2 ～ 3 克就有提炼价值。现全球年产黄金 2600 吨，我国约占一成。保守估计原生金不到狗头金产量的百分之一，狗头金不到提炼金产量千分之一。物稀为贵，所以同样重量的原生自然金，尤其是象形奇特的常常高出提炼金的数十数百倍。

原生晶体约是狗头金的三倍价，狗头金又约是提炼金的三倍。

本件产自美国加利福尼亚，是中国人收藏的最大原生自然金；天然象形女皇。

098

上海观止矿晶博物馆

随城陨石

解读：

1、陨石是地球外天体散落到地球表面的未燃尽的石质、铁质或石铁混合物质。按成分分别称为石陨石、铁陨石和石铁陨石。

2、本件是随城陨石（Seymchan）的切片，其上有显著的维斯台登构造纹（Widmanstatten pattern），又称魏德曼花纹（Widmanstatten pattern），以奥地利科学家阿洛伊斯·冯·贝克·魏德曼施泰登的名

随城陨石

• 位置：闵行先锋街66号，上海观止矿晶博物馆
经度121.3687 纬度31.1789

• 尺寸：长48厘米，高37厘米

• 石种：石铁陨石，陨石类

• 成因：地球外小型天体飞临地球附近，被地球的巨大引力所吸引，而进入地球大气层。因受阻摩擦生热，小天体或爆炸或燃烧后坠落地面，成为陨石。

字命名。维斯台登纹的形成源于铁陨石内含有的铁和镍两种成分，两者的含量在铁陨石中的所占比例不同，所形成的合金也不同，镍含量低者（5% ～ 7%）称为铁纹石，含量高者（20% 及以上）为镍纹石，当镍的含量在 7% ～ 15% 之间时，铁纹石和镍纹石的晶体交错生长，铁纹石晶体被夹在镍纹石晶体间呈条状，从而形成这种错落有致的构造纹路。这种纹理是以每百万年下降 1℃～ 10℃的速率冷却，让铁纹石在镍纹石的晶格间扩散生长形成的，整个过程持续长达千万年甚至上亿年。正因为维斯台登纹不可复制，成为了鉴定铁陨石的一个金标准。因此，本件是铁陨石，其在原天体中部位，相当于地球上的地核。

3、“随城陨石”1967 年 6 月发现于俄罗斯，主体重约 300 公斤，另一件重约 51 公斤。由于当初陨石切割取样部分为纯金属质地，导致对随城陨石的分类为 IIE 型铁陨石。前苏联解体后，一位德国藏家于 20 世纪 90 年代初购得 51 公斤重那块，切割后发现原来随城铁陨石内含橄榄石。国际陨石学会命名委员会又于 2007 年将随城陨石的分类重新修订为：橄榄石石铁陨石。51 公斤陨石在原天体中部位，相当于地球上的地幔底部向地核过渡的部位。

099
上海观止矿晶博物馆
火星陨石

火星陨石

- 位置：闵行先锋街66号，上海观止矿晶博物馆
  经度121.3687 纬度31.1789
- 尺寸：长宽各3厘米
- 石种：石陨石，陨石类
- 成因：火星岩石受到其他天体撞击，飞到天空，速度达到了逃离火星引力，又有幸被地球引力捕获，最终陨落到地球。

解读：

1、火星陨石非常稀有。

据统计，地球上只有不到 300 块火星陨石，总重约 200 公斤。这就是地球上已知的全部火星家当。

2、为何这么少？

火星岩石要想飞到地球十分艰难，地球与火星的平均距离是 2.25 亿公里，火星岩石要飞到地球，一定需要一颗足够大的行星撞击火星，这样才能获得足够的速度逃脱火星引力，且被地球引力捕获，承受地球大气层的摩擦、爆炸、燃烧、撞击、风化，最终被人发现。

3、很有科研价值。

火星是地球的紧密邻居，二者相似，都是类地行星。人们一直想象火星上存在生命，甚至也在火星陨石上发现了生命证据（存异议）。无疑的是火星最有可能成为地球人的第二故乡，科技狂人马斯克已经计划在 2030 年将人类移民到火星，2050 年要送去 100 万人。因此，对火星的研究是很有必要的，而研究火星的标本——火星陨石就必不可少。

因为稀少和极高的研究价值，必然很贵，知名拍卖行也有高价成交记录，因为很贵，必然有很多李鬼。目前，我国线下线上贩卖的火星陨石还没有见到真的，有心收藏者一定要小心。

4、本件陨石为 NWA7397 火星陨石，来自美国陨石专家，2012 年 6 月在摩洛哥斯马拉附近被发现，本件为众多碎块之一。

100
珠峰天池

此石产于广西大化红水河，历经 3.9 亿多年海、陆、河的沧桑变迁后，翻山越岭，千里迢迢来到上海观止矿晶博物馆与大家见面。其形成过程解读如下：

1、诞生于古生代泥盆纪时期（3.45 ~ 3.95 亿年前）的海滩

广西壮族自治区大化红水河地区在寒武纪—奥陶纪—志留纪时期（5.43 亿～ 3.95 亿年）的海洋环境后，地壳抬升，晚古生代泥盆纪时期（3.95 亿～ 3.45 亿年）变为海陆过渡海滩环境。从而在浅水的弱氧化环境中接受了褐黄色薄互层的细砂—粉砂—泥质粉砂—泥的沉积，成岩后是我们现在见到的浅黄色岩石的幼年时，现尚可见平行—波状的层理构造。

2、中生代三叠纪中晚期（约2.3 亿年前）岩层遭受强烈褶皱变形（燕山运动）而破碎

泥盆纪时期形成的黄色细砂岩—粉砂岩—泥质粉砂岩—泥岩地层，经强烈的挤压形成了向斜褶曲。这块“殿堂石”一侧（左）岩层由原始的水平状态向“主峰”方向倾斜，另一侧（右）略向“主峰”方向倾斜，但岩层被推至近于直立，显然此“殿堂石”处于褶曲核部，故所受挤压力非常大，致使岩层破碎，产生了许多大小不一的裂隙，成为红水河地区一个向斜构造核

部断层破碎带的一部分。

3、中生代侏罗纪晚期有富二氧化硅热液进入岩层裂隙形成白色石英脉

侏罗纪晚期（约 1.8 亿年前）区内有岩浆侵入，岩浆期后的热液沿断层破碎带进入岩层充填裂隙形成一系列白色石英脉，同时，带来的热量促使岩石中的矿物重结晶，使原褐黄色的砂、粉砂、泥岩经热和交代变质作用后，岩石的密度和硬度加大，色变浅，抗风化力加大。

4、新生代（6500 万年前起）喜山运动使广西地区再次抬升，地表水流沿断层破碎带下

切形成红水河处于河床底部的岩层，经受了河水和地下水的侵蚀作用。因黄色变质砂—泥岩的抗风化能力低于白色的石英，于是，在白色石英含量低、黄色砂—泥岩含量高的部位，就被风化剥蚀得多而快，从而出现凹坑；反之白色石英含量高的部位相对凸起。此石主峰部位石英含量最高，其余峰峦起伏的高度均与石英的含量成正比。暴露在河床底的岩层受河流中漩涡流的侵蚀作用，而产生涡穴——主峰前的“大天池”。

河床下的洞穴是地下水侵蚀作用的结果，可见洞内裸露岩石棱角明显，磨圆度差；河床中裸露岩石的棱角则均已被磨圆，这是因河床中水流的流速及其磨蚀强度远大于地下水之故。至近代，红水河新建水电站，奇石才得出水面世。

5、传承脉络

1996 年前后，上海石友周易杉在柳州马鞍山奇石市场老朱店见一石高耸，环石搭路，意为转圣山，亦可赏池鱼，周爱不释手，瞬间买下。次日著名石友高新村电话周要求三倍转让，周未允。运至沪两请吊车卸货，因错估为 3 吨，实 8 吨余。置于华青公寓露天十几年，小区整治，强制拖走，又两次吊车至万春园，原移动铁盘座已锈穿，换成今日红木底座；寄放企业家大藏家林辉平店又数年，逢万春园闭街，求好友张亚江收下，又置仓库数年。今逢观止博物馆开业，再两次吊车请出做科普标本，愿惠及子孙万代。

附录

一、三大岩石类

岩浆岩

岩浆岩（magmatic rock）又称火成岩（igneous rock），是指岩浆（地壳里喷出）或者熔岩（被熔化的现存岩石）冷却和凝固后形成的一种岩石。岩浆岩与沉积岩、变质岩相并列，是岩石的主要类型之一。岩浆岩分为深成侵入岩、浅成侵入岩和喷出岩三种，前两者分别为在地下深处与在地下浅部冷凝，矿物结晶肉眼可辨；后者为岩浆突然喷出地表，在温度、压力突变的条件下形成，矿物不易结晶，常见未结晶物，一般来说，岩浆岩容易形成于地壳板块交界地带。

岩浆岩的主要化学成分有二氧化硅、三氧化二铝、三氧化二铁、氧化铁、氧化镁、氧化钙、氧化二钠、氧化二钾和水。其中二氧化硅含量最多，其含量直接影响矿物成分的变化，并且直接影响岩浆岩的性质。

岩浆岩和变质岩构成了地壳顶部 16 公里 90% ～ 95% 的体积，其中岩浆岩占全部体积的 65% 左右。迄今已经发现 700 多种岩浆岩，常见的有花岗岩、橄榄岩、安山岩、玄武岩和流纹岩。

玄武岩：岩浆借由火山口流出地面，快速冷却而成。

安山岩：岩浆缓和喷发而出，快速冷凝形成。

花岗岩：岩浆并不喷出地面，而是在地下缓慢冷却形成。

流纹岩：岩浆成分与花岗岩相同，喷出地面快速冷却而形成。

橄榄岩：岩浆在地幔深处缓慢冷却并结晶，经火山活动从地下深处带至地表。

岩浆岩中不存在生物化石和生物活动遗迹。

沉积岩

沉积岩（sedimentary rock）是在地表不太深的地方，其他岩石的风化产物和一些火山喷发物，经过水流的搬运、沉积、成岩作用而形成的岩石。在地球表面，有70%的岩石是沉积岩组成的，大洋底部几乎全部为沉积岩或沉积物所覆盖。然而，如果从地球表面到16公里深的整个岩石圈算，沉积岩体积只占5%。沉积岩含有的矿产极为丰富，占全部矿产蕴藏量的80%，如：煤、石油、天然气、盐类等，而且铁、锰、铝、铜、铅、锌等金属矿产也占有很大的比重。

沉积岩不仅分布极为广泛，而且记录着地壳演变的漫长过程。目前已知地壳上最古老的岩石，其年龄为46亿年，而沉积岩圈中年龄最老的岩石就有36亿年。

沉积岩的特征是有层理。某些沉积岩含有动植物化石，所以可以断定其地质年代。

沉积岩可以分为碎屑沉积岩（包括泥岩、页岩、粉砂岩、砂岩、砾岩）、生物沉积岩（包括石灰岩、硅质岩、白云岩、泥炭和褐煤），以及化学沉积岩（即蒸发岩，包括岩盐和石膏）。凝灰岩是一种火山碎屑岩，也归类于沉积岩的范畴。

变质岩

变质岩（metamorphic rock）是经由变质作用而形成的岩石，原岩可以是沉积岩、岩浆岩或变质岩。原岩受到热（温度高于150℃～200 ℃）和压力（高于1000巴，即每平方厘米表面的压力大于1吨）的作用，经历物质成分的迁移和重结晶、纹理改变或颜色改变等过程，从而形成变质岩。变质作用通常发生在地球内部，原岩可因受地球内部的高温及岩层上方的巨大压力而形成变质岩；大地构造运动过程也可以形成变质岩，如：大陆碰撞产生的水平压力，可以使原岩摩擦和变形；岩脉的侵入也可以形成变质岩。特殊情况下，变质作用也可以发生在地表，如：陨石的猛烈撞击可以使地表岩石变质，洋脊附近大洋底的玄武岩也可以在地壳中巨大的热流影响下发生变质。

变质岩在地壳中分布广泛，大陆和洋底都有，最古老的变质岩年龄有 30 多亿年。区域变质岩分布的面积常为几万至几十万平方公里，约占大陆面积的 18%，影响深度可达 20 公里以上。变质岩常具有某些“特征变质矿物”，如：红柱石、蓝晶石、硅灰石、石榴子石、滑石、十字石、透闪石、阳起石、蓝闪石、透辉石、蛇纹石、石墨等，这些矿物只能由变质作用形成。变质岩大多因侵蚀及抬升而露出地表，研究它们可以了解地球深处的温度、压力环境。

以下几种岩石，是我们常见的变质岩：

板岩：具有板状结构，基本没有重结晶，属于低温动力变质岩，原岩为页岩、泥岩、粉砂岩或凝灰岩。

千枚岩：具有千枚状构造的低级变质岩，是泥岩、粉砂岩、凝灰岩等因温度、压力的加大发生变质而成。

片岩：有片理构造，原岩已全部结晶，由片状、柱状和粒状矿物组成。

大理岩：石灰岩在高温条件下，矿物成分重新结晶形成的更坚硬的岩石。纯白的大理岩称为汉白玉，是高档建材和雕刻素材。

二、SCC赏石论

【摘要】本文说明了“米四论”和“后四论”都不能反映赏石文化的博大精深，因而提出了科学、文化、修身赏石，简称SCC论。把科学赏石作为基础，指出了赏石人需要掌握的十大地学基础知识；把文化赏石视为主流，为此设计出便于操作的“十个一”模式；把修身赏石作为最高境界，并概括出石之美德。

关键词：SCC论传统赏石 科学赏石 文化赏石 修身赏石

宋代米芾的“皱、瘦、漏、透”论（以下简称“米四论”）是世界上最早的赏石理论体系，是传统赏石文化之魂、当代赏石文化之根。它不仅主宰了中国石坛近千年，也对周边国家影响很深，即使今天日韩石友对“米四论”也是人尽皆知。但是，随着赏石实践的深入，新石种的不断出现，原先主要适合于中国四大名石的“米四论”就不够用了。于是，“形、质、色、纹”论（以下简称“后四论”）出现了，“后四论”几乎覆盖了一切石种，正因此，20 世纪 80 年代以来赏石言必“后四论”，大家习以为常，几十年不变。其实，“后四论”也只涉及了雅石之自然要素，而且仅仅是其中一小部分。比如，雅石的化学成分、物理性质、成因、结构、演变、类型等科学内涵均未触及。赏石的核心或曰灵魂是文化赏石、艺术赏石，“后四论”也没提到。赏石的最终目的或曰最高境界是修身养性，提升人的素质，对此“后四论”也不沾边，我们认为如果把赏石文化混同于“后四论”，那也是对赏石文化的误读抑或亵渎。

我们提出科学（Science）、文化（Culture）、修身（Cultivation）

赏石论，各取其英文第一个字母，简称SCC赏石论。希望批评指正，共寻赏石真经。

一 、Science 面向科学、以石论石

这里的科学指地球科学，赏石人需要掌握一些与石头相关的地学知识，这是被赏石的自然科学基本属性所规定的，无法回避。赏石的一切欣赏要素，皱瘦漏透也好，质色形纹也罢，首先属于地学研究的自然对象。

石界忽视科学知识，闹出了不少笑话与错误，例如，一位名家的书上把灵璧石的音响归因于金属的含量，又把象形的沉积岩叫作竹化石和灵芝化石；还有将玛瑙和各种地球上的石头说成是陨石，把石结核认作恐龙蛋，把假化石当作真宝贝的也不胜枚举，电视节目、赏石书刊也常有这类错误。对于外行人而言，则是谬种流传，害人不浅；对于内行人而言，真是丢人现眼、出尽洋相。这严重影响了赏石界的整体形象，就这种状况别说走向主流，不被讥笑都不可能。如果说上类错误是无知造成，而另一类就是恶意地利用无知以售其奸，有些展会上或是奇石馆内，肆无忌惮地卖着假货，骗取钱财，常常买了假货垃圾的还以为捡漏了宝贝。面对上述现象我们应当反思，试想，如果大众掌握了基本的赏石科学知识，或是有一点科学的态度，不懂不要装懂，石界的李鬼和被人坑骗的事就会少许多。

那么应当掌握哪些赏石科学知识呢？我们认为，赏石人应该基本了解与石头相关的科学知识：

①天体的演化，物质的产生，何时宇宙大爆炸，恒星、行星、卫星等天体怎么诞生又怎么消亡；

②地球的圈层结构及其生成的原因，里三层外三层的物质交换与能量转化；

③地壳运动方式，内外力作用，地质年代的划分；

④三大岩类的基础知识，成因、成分、品种分类及其彼此循环演变；

⑤风化作用类型、过程与结果；

⑥生物进化简史；

⑦主要观赏石的品种、分类、成因、鉴赏；

⑧主要矿晶的品种、分类、成因、鉴赏；

⑨主要化石的品种、分类、成因、鉴赏；

⑩主要陨石的品种、分类、成因、鉴赏；个人学习因资料和理解会有一定困难，各地科协、社团可以组织专家讲座或办培训班，两三天学完，一辈子受益。

二、Culture 面向文化、以石论艺

石文化，源于石头，归于文化。文化赏石过去是、现在是、今后还将是赏石文化的主流。古往今来，赏石赋诗作画、出书办刊，多为文化赏石。但遗憾的是，具体怎么个文化法，至今还没有一套便于普及与操作的模式。为此，我们设计出“十个一”模式，并以“锁云”为例，在此抛砖引玉。

一方奇石源在石流于文，石在先文在后，皮之不存毛将焉附，奇石是一切赏石活动的载体，所以选石最为重要。国人有贪大图多之习，须知，石不在大，有雅则灵；藏不在多，有奇则名。我们主张“精品原则”，宜少而精。倡议石友“一人一石”，即一人一块代表石或叫个人形象代言石，并且建议印在名片上。锁云何以受追捧，米家名人效应外，精美可爱是关键，唯有精品之奇石才可承载厚重之文化。

一件底座 石座与赏石一起被人供奉，通常是赏石艺术中不可或缺的组成部分。我们提出“佛靠金装，石靠座赏”的理念，以便引起大家重视。比较各国石座，也许我们的最差。一是材质差，软木占比大；二是做工差，不少座内（与石接触部分）和底座底部都不打磨不上漆。这么简单的东西为何落后于人？就是马虎、不认真。石座的生命在于它与赏石的和谐，不能喧宾夺主。但就底座本身而言，离开石头也当有艺术价值，“锁云”的石座恰到好处，可做参考。建议有志者成立赏石配座配盆研究会，交换各地信息，培训制作技艺，果能成立，大有作为，立即会引起盆座革命。

一个石名 赏石命名，就是挖掘该石的最基本特征，说白了即以高度凝练的语言表达出该石最大的看点。可见命名的过程就是重要的赏石过程、从石到文的石文化实践过程。有没有石名，有什么样的石名，直接反映了赏石人的赏石态度抑或赏石文化水平。我国现状是无名石占绝对多数，店里和家藏都在九成以上，这说明赏石界的粗浅浮躁，群体的文

化缺失，倡议今后凡无名不得参展，而且给石名专项打分，这样的引导必然会提升整个石界的赏石文化水平。高雅的石名便于记忆、便于宣传，比如一提“锁云”大家马上知道是哪一块，但如无此名，那么描述许久也不知哪一块。高雅的石名也是雅石当代走红、后世流芳的必要条件，君不见“锁云”之名，妙不可言。

一张台桌　何为台桌？它是展品与展台之间的重要配件，打个比方，把人比作展品，把展台比作地面，这台桌就是座椅。奇石直接摆在展台上，就如让人坐在地上一样，有没有台桌，视觉效果完全不同，不妨一试。台桌在我国古代就已生产，推测是由佛教的经桌和文房用品桌演化而来，现在也有卖，大小、样式与材质视石而定。“锁云”之台桌为笔者特意从东京拍卖场买来的中国紫檀古董桌。

一幅挂轴　内容可字、可画、可照片，也可请画家量体裁衣，专石配画。虽可任意组合，然水准高低妙在与主石之内在关联。“锁云”挂轴与配诗就是出自中国工艺美术大师的评委阮文辉大师，陈列时右侧是阮大师创作并挥毫的《锁云回国歌》，左侧是大师“为石不孤也”而匠心独运所临摹的“锁云”原主人米万钟的《碧溪垂钓图》，从此名石名人名字名画珠联璧合，宝马金鞍，石史又续佳话。

一只配饰　（姑且译之，日语叫添景）。比如一件“猫咪”石，独石陈设不免寂寞，配上玉蝉、石鼠或老虎，气氛立刻紧张，不由得你不联想。笔者藏一少女风棱石，苦觅几年才偶然寻得一件古代铜雕的日本女郎，摆在一起，取名“姐妹”，誉为绝配。“锁云”回国多年，配饰还未觅得，或许配上原主人米友石雕像更让人生发怀古幽情。也正因“难能”才得“可贵”，现在有些人一块石头上又是木马、瓷牛、还加渔翁花草，那不是添景，而是添乱。

一篇赏析　即对该石的解读点评与传承轶事。形式多样，自作虽好，高手为佳。从某种意义上讲，赏石文化最主要体现在石名和赏析文章。很遗憾，现在石展上或是石店内很难看到赏析文章，杂志上确有佳作，但绝对多数不敢恭维，推荐大家一读张建宇先生泼墨仙人石之配文，我们应当继承与发扬历代赏石遗产，在石文化上倾注心力，今天中国赏石人数创历史新高，不应该在历史上留下赏石佳作的空白！

一份档案　即赏石身份证。据说国人找到了不少古石，就因没法证明，故谁也不认。若有档案传承，便不证自明，价值倍增。宜注明：石名、石种、尺寸、产地、传承历史等。“锁云”的木箱内始终装有多国报道的书刊、报纸等资料。

一鉴定书　鉴赏能增广学识，鉴定则提高公信，利于打假，也便于流通。石种很多，尤其矿物、化石、古董石等专业性很强，加之石界时有假冒，建议设立鉴定机构，科学检测，出具证书。

一套木盒　木盒可收包装、运输、安全、美观之多效。宜量身定做，一石一盒或套盒，盒上可书石名或配画。盒内除石之外可装资料，如：鉴定书、获奖证、身份证等。“锁云”的木盒是一日本原装古董。由“锁云”例可见，一件赏石精品应当石美、名美、座美、文美、书画美、添景美、木盒美，唯其多美才是大美！

先讲这十个“一”，还可举出些“一”，比如，一宝笼、一石照、一条桌（展台）等，也许有的石友会说十个一太多了，别急，并非每石都得十个一，多数奇石也不配。上文说过，赏石人应该有一件代表石，我们建议就从这块“代表”试起。另外，每块“代表”也不必十项全能。“十个一”有如赏石文化的表格软件，有些栏目可以不填，做不到十个一，就五个一。果有一件好石，又命得一个好名，再配一个好座，写好一篇赏析，加上好的挂轴，您的石文化早就更上二层楼了。

三、Cultivation 面向修身，以石论人

为何赏石，答案很多，健康、娱乐、收藏、保值、荣誉……我们认为最高境界只有一个：修身养性。阮文辉大师说得太好了：“玩石是追求慰藉，是以石为友，以石为师，心石相融，调心、养心、修心之活动，这是它的根本，也是民族文化传统之所在。”

中华民族素有玉石比德之传统，以玉象征道德，以玉德律己育人，荀子讲“七德”，管子说“九德”，而孔子云“十一德”，即“湿润而泽，仁也；缜密而栗，知也；廉而不刿（音贵，意割）义也；垂之如坠，礼也；叩之其声清越以长，其终诎然（戛然），乐也；瑕不掩瑜，忠也；孚伊旁达（纹理清晰），信也；气如白虹，天也；精神见于山川，地也；

圭璋持达，德也；天下莫不贵者，道也”。

奇石不问人间事，何以慰苍生？这是因为石也有石德，师法石德，人可养心积德。以石比德，不乏其例，我们尝试概括石德如下：

1、坚强。石是大地脊梁，她覆盖着地下奔腾的岩浆、抵挡着大海滔天的巨浪，沈钧儒云“吾生尤爱石，谓是取其坚”，人当学之，百折不挠，坚如磐石。

2、沉稳。石头都有沉甸甸的分量，每件奇石都暗示或明示人们要沉着、冷静、稳重、安定，不着急和平常心。人若如此，必大器可成。

3、实在。王朝闻先生云“石者实也”。天然奇石，实实在在，表里如一，诚实可信，毫无做作虚伪，令人可敬可佩。

4、不变。恋人们都说“海枯石烂不变心”，可是变心的天天有，石烂的很少见。石心不变，让人惭愧。

5、富有。石中自有“海岳”“锁云”，石中也有恐龙猿人，石中更有钢铁油媒，石中还有钻石翡翠，人类的一切，几乎由石供给。

6、多艺。石可作画、石可书法、石可治病、石可奏乐、石可飘香、石可发光、象形、拟物……石艺包罗世间万象。

7、奉献。修路架桥，房屋建造，烧制水泥，雕刻材料，报酬多少，从不计较。

8、随缘。或下海入马里亚纳，或上山到珠穆朗玛，或仰卧石农柳筐，或端坐帝王桂冠。

9、博爱。不管华堂还是草房，不问乞丐还是帝王，不挑博士还是文盲，爱石一家，海阔胸膛。

10、长寿。如不“打针吃药”，盆景一岁难熬，字画也十年难保，唯我雅石千年万年，无疾无病，赛过神仙，健康又长寿，人人都追求。

11、无价。有缘人，分文不花，得宝野外；无缘人，磨破嘴皮，万金难买。和氏璧，十五城，也没换来。

12、助人。各地先民为何都经历了数百万年的石器时代？马克思说：“没有第一把石刀，就没有人类。”此论成立，石可比之人类祖先；即便今天，离开了石头，人一天也不能活。人不拜石岂非忘恩负义？

13、不言。如此功盖河山，德昭日月，还能谦虚沉默，真君子也。

石有石德，人有人品，若能赏石悟道，取来石德，修我人品，真乃人生大幸。赏雅石、学科学、论文化、修身心，四位一体，循环渐进。实践SCC赏石论，必将提升个人修养水平与促进社会和谐发展。

（周易杉2005年1月在日本写就，同年10月中石协成立大会演讲，发表于会议论文集首篇。2023年7月3日修改于锁云居）

参考文献：

［1］陆廷清。地质学基础[M].北京：石油工业出版社，2015.

［2］李胜荣。结晶学与矿物学[M].北京：地质出版社，2008.

［3］GB/T31390-2015.中华人民共和国国家标准——观赏石鉴评[S].中国观赏石协会，2015.

［4］矿物爱好者编委。上海市矿物化石研究会[J].矿物爱好者，2009-2022（1-54）

解说见P148

长兴岛陨石

一足踏空掉天宫，俯冲凡间欲立功。
大众普罗不识君，雪藏半世始得终。

解说见P170

斑彩螺

斑斓彩螺最斑斓，沉睡海床亿万年。
一旦出山重斗艳，五光十色美如仙。

解说见P182

自然金女皇

一座金像城不换，独领风骚世无双。
宇宙天作化物宝，恒星地造成女皇。

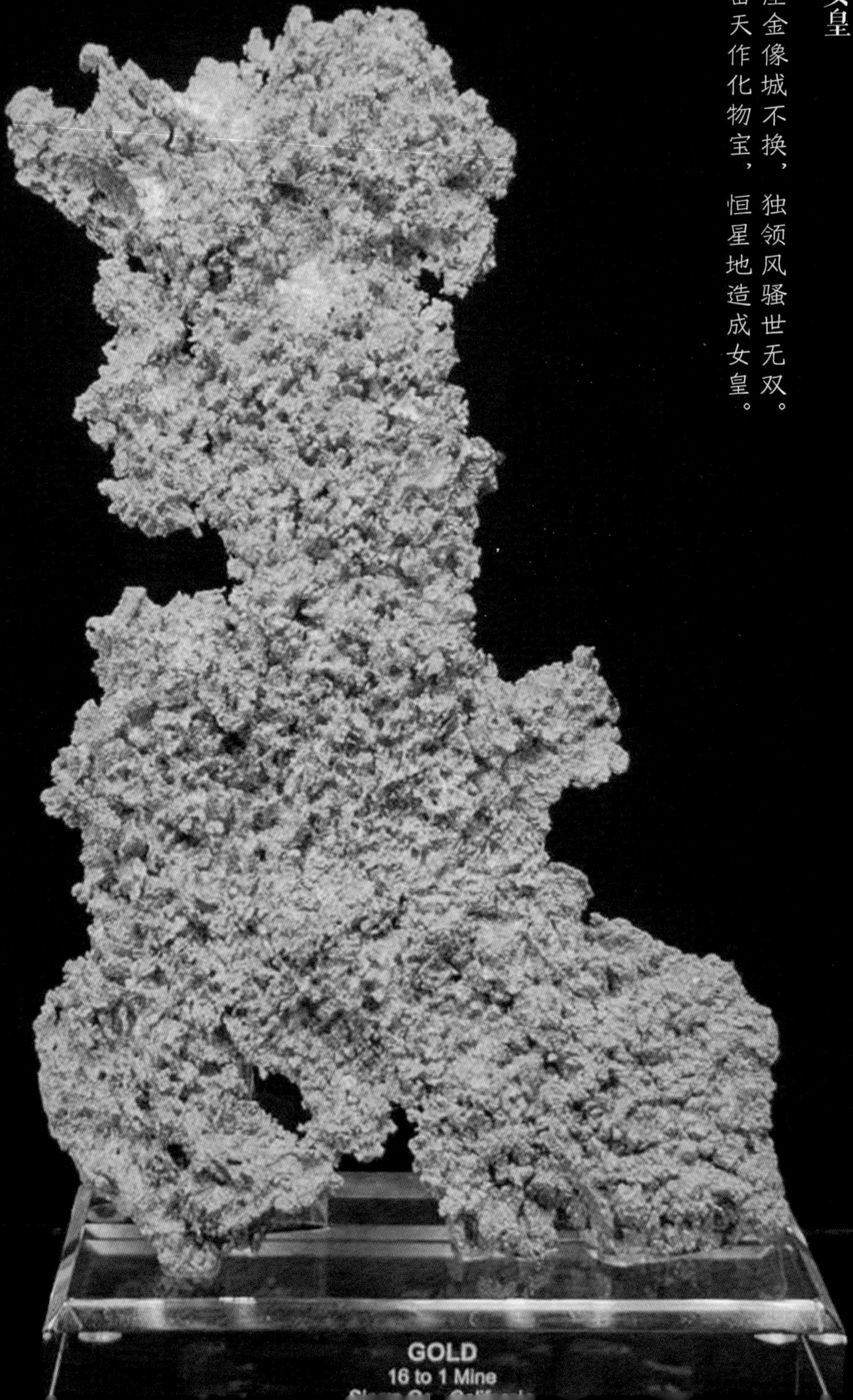

解说见P188

珠峰天池

雪落八方白，莲开四面香。
天高凤献舞，池深龙呈祥。